再忙、再懶，都能和貓咪
過上舒適的生活

貓奴
居家掃除必備手冊

ヤノミサエ／著
何姵儀／譯

貓咪是掃除之神！

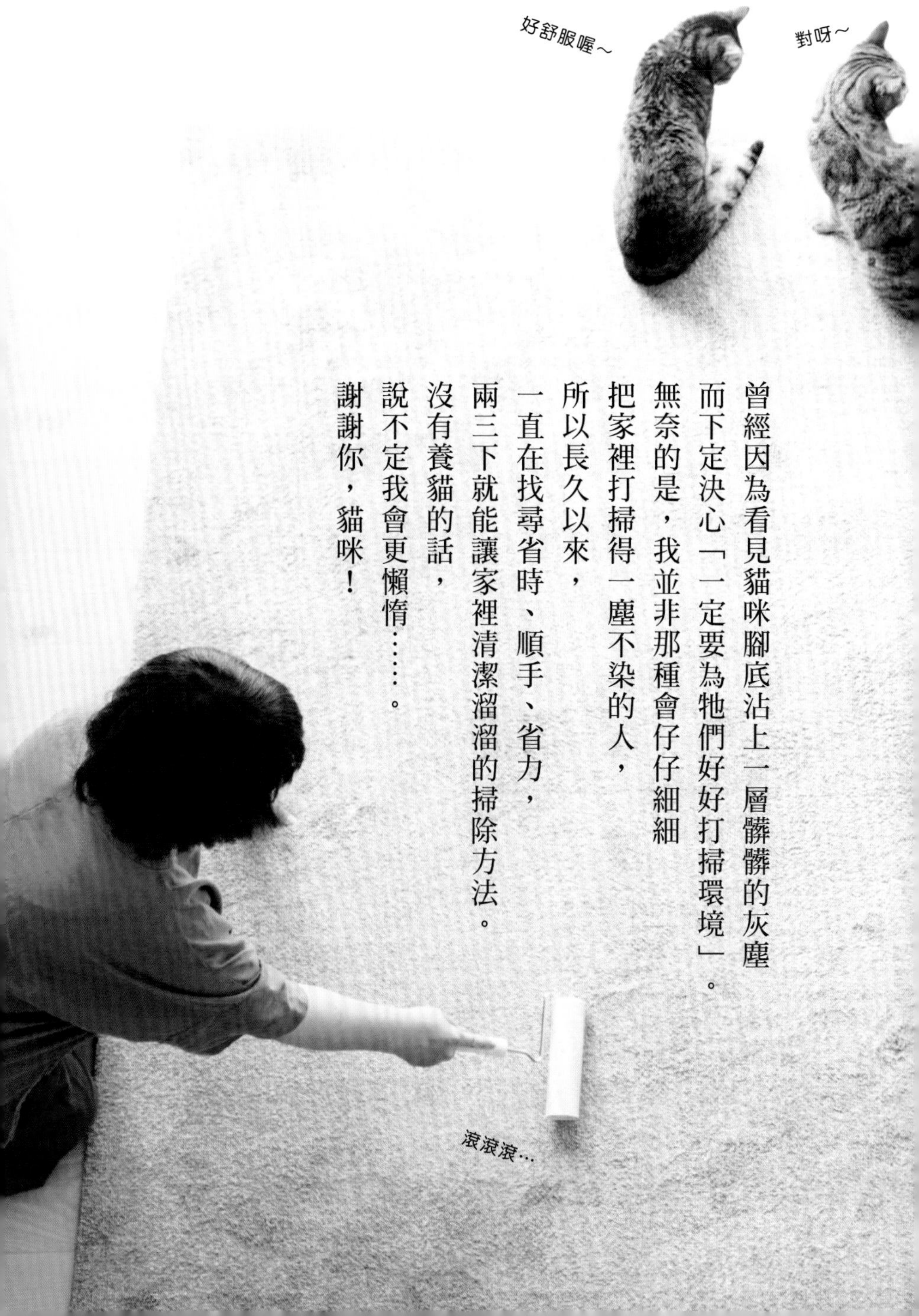

曾經因為看見貓咪腳底沾上一層髒髒的灰塵
而下定決心「一定要為牠們好好打掃環境」。
無奈的是，我並非那種會仔仔細細
把家裡打掃得一塵不染的人，
所以長久以來，
一直在找尋省時、順手、省力，
兩三下就能讓家裡清潔溜溜的掃除方法。
沒有養貓的話，
說不定我會更懶惰……。
謝謝你，貓咪！

我是Yano Misae。我去採訪和貓咪一起生活的家庭了！

我們家有4隻貓。幸好有牠們，讓我越來越會打掃了！

我不是那種天天都會打掃整個家裡的人。嚴格來講，算是只會「打掃部分」的人，有的時候甚至不掃；但是家裡的貓咪愛乾淨，所以地板、貓毛、貓砂盆還有貓碗還是會特別留意。再加上我們家養的貓不少，我還會格外注意傳染問題，也會盡可能想做好殺菌等處理。做到這種程度夠嗎？當心裡冒出這個念頭時，我開始思考一件事：讓貓咪過得開心的打掃方式究竟是什麼？

於是，我到和貓咪一起生活，而且環境非常整潔的家庭去採訪，向他們請教打掃方法，同時還透過《貓日和》（暫譯，猫びより）這本雜誌集思廣益，向讀者募集其他值得推薦的清掃方法。所以除了我的方式之外，這本書還彙整了其他養貓人家的打掃點子。大家若能從中找到適合自己的打掃方式，那我就心滿意足了。

Yano家的貓咪

雷歐

運動神經優異
討厭剪指甲

橘貓 ♂ 10歲

發現牠受困在樹根裡而中途照護。個性怕生，常常躲起來，人稱「幻貓」。興趣是嫉妒吃醋。以吃不胖的苗條體質為傲。

Chitan

最喜歡睡午覺
我行我素男子

虎斑 ♂ 12歲

被人放在空屋裡中途照護，之後接到我們家來。原本患有癲癇，不過現在狀況已經穩定，悠哉度日。興趣是舔毛舔到忘我，所以身體常常東禿一塊、西禿一塊……。愛讓人家摸臉。

奇奇

喜歡女生
會照顧弟弟的哥哥

美國短毛貓 ♂ 14歲

因友人無法繼續飼養而來到我家。非常懂得如何甩尾撒嬌。夢想是吃卡士達麵包吃到飽。喜歡窩在膝蓋上的趴膝老貓。

鵪鶉蛋

搗蛋天才
也是翻垃圾達人

虎斑 ♂ 8歲

原本慘被埋在沙地中，是母親發現帶回中途照護的。習慣咬布，甚至曾經不小心吞下肚而導致腸阻塞。貪吃鬼一個，只要是吃的牠全都有興趣。最愛小一號的瓦楞紙箱。

CONTENTS

2 不再為貓毛所困的打掃洗滌對策

3 常保整潔、沒有臭味的貓廁所

4 如何保持貓碗的清潔？ 68

5 整齊清潔、貓咪也開心的整理與收納

6 與孩子相處融洽的人貓關係

7 多隻飼養&與其他動物共同生活

1 不再為貓毛所困的地板清掃法

貓咪總是喜歡躺在地板上翻滾。
模樣固然療癒，
但是一望向房間角落，
就可以發現貓毛四處紛飛。
所以接下來要介紹
與貓咪一起生活時，
不會感到麻煩的打掃方法。

Yano家都是這麼做！

打掃地板
實用巧思

重點就是保持讓貓咪
想要翻滾的寬敞空間！

巧思 1

地板清掃 起床就做

我們家有4隻貓，每天的掉毛量非常可觀，而且這些貓毛到了晚上會跟灰塵一起落在地板上，所以我通常都在一大早先把地板簡單掃過。樓梯的灰塵其實比我們想像的還要多！

木頭地板使用除塵紙擦拭。從2樓掃到1樓，一邊注意將樓梯與房間角落的貓毛清掃乾淨。

家裡有用打掃機器人的朋友曾告訴我：「把椅子搬到桌子上會比較好掃。」但是嫌麻煩的我一直沒有這麼做。沒想到試過之後發現，真的有差！

巧思 2

清潔地板前 先將椅子倒放在桌上

擦地板時，先把餐椅倒放在餐桌上，這樣打掃起來才會比較輕鬆，而且還可以順便清除黏在椅腳上的貓毛，一舉兩得。這是貓毛很容易囤積的地方。

這裡

巧思 **3**

沉重家具安裝腳輪或墊層保護墊，方便移動

想要輕鬆打掃地板，最好的方法就是地上不要擺東西！如果一定要放觀葉植物或貓跳台的話，就在底部鋪上地墊或較厚的毛氈保護墊，這樣移動時會更方便。

底下鋪層地墊或毛氈保護墊，就能夠不傷地板，輕鬆移動了

只要在下方放一塊質地較厚的毛氈保護墊，滑動家具時就不怕傷到地板。用百圓商店販售的巧拼地墊也可以。

腳輪是否適合地板非常重要

家裡的垃圾桶是在無印良品買的，裝上分開販售的腳輪之後，打掃時移動就更加輕鬆了(左)。但是觀葉植物盆栽放在附帶腳輪的底座上，反而不好滑動(下)。

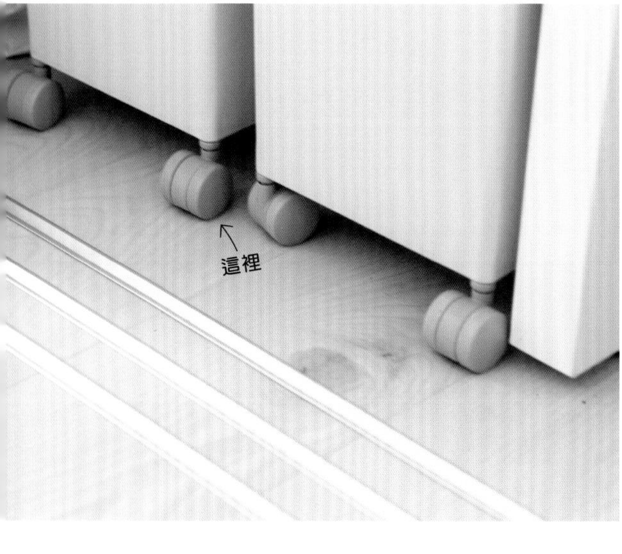

巧思 4

地墊吸塵要從逆斜順3個方向

我們家每個禮拜只吸兩次地墊，所以我都是從逆、斜、順3個方向分別吸，這樣才能將沉積在地墊底部的貓毛、灰塵與跳蚤吸乾淨。

像是要將地墊的毛豎起般，用吸塵器慢慢吸。

再來是斜向。吸的方向要與地墊立起的毛不同，改變毛的流向。

最後是順毛方向。吸塵器朝著毛原本的流向吸。

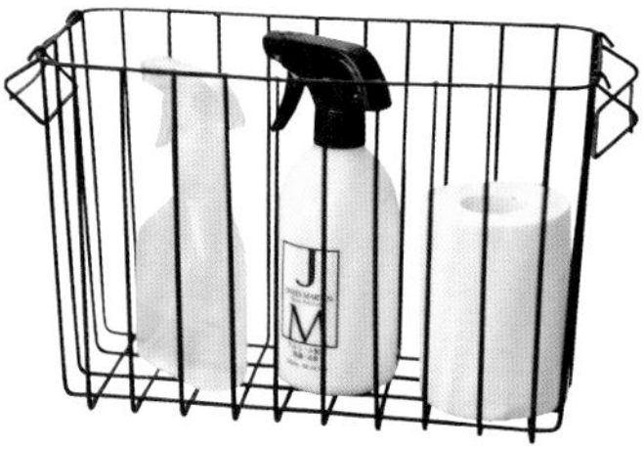

只要準備一個裡頭放了水、消毒酒精與衛生紙的嘔吐專用清潔組，一發現貓咪的嘔吐物就可以隨手清除了。

巧思 **5**

乾掉的嘔吐物先噴濕再蓋上衛生紙

貓咪常常嘔吐。有時甚至會因為太晚發現，而使得嘔吐物變乾、黏在地板上。這時，就先噴一些水在上面，等它變軟之後再來處理。

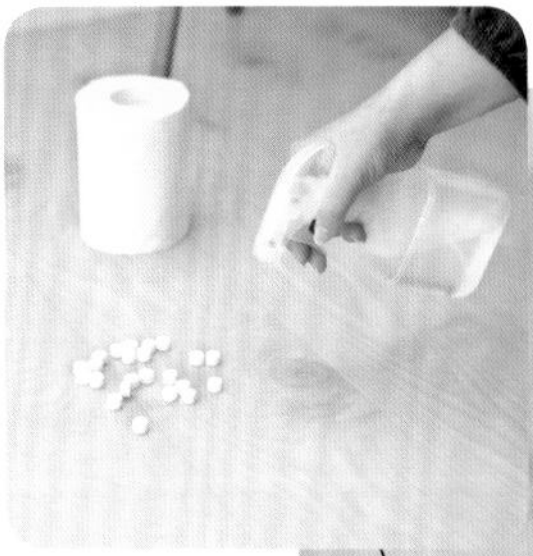

發現變乾的嘔吐物時先噴水。

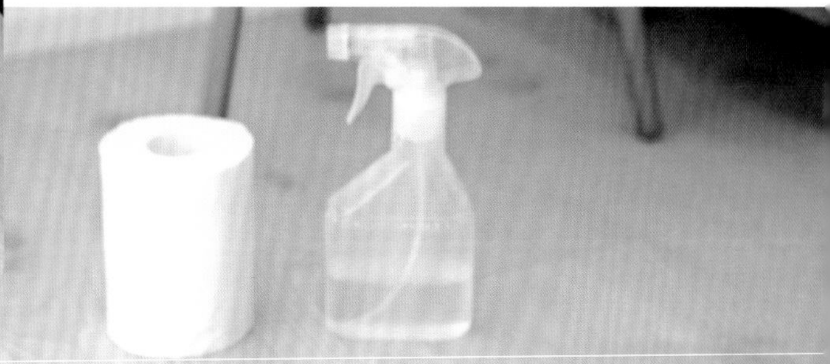

蓋上一層衛生紙濕敷，放置一段時間。

嘔吐物吸水變軟後，用蓋在上面的衛生紙整個包起來。

擦乾淨之後噴灑消毒酒精，以免細菌殘留。

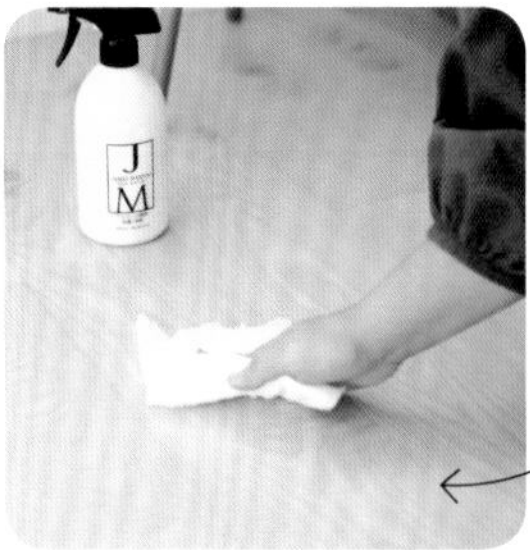

最後把消毒酒精擦乾即可。如果擦不乾淨，就重複擦拭幾次。

巧思 6

貓咪磨蹭留下的污垢 用鹼性電解水清潔劑擦除

貓咪通常習慣在柱子或牆角上磨蹭做記號……。但令人煩惱的是，牠們老是在同一個地方磨蹭，結果留下咖啡色的污垢。這種因皮脂而造成的髒污，可用鹼性電解水清潔劑清除。

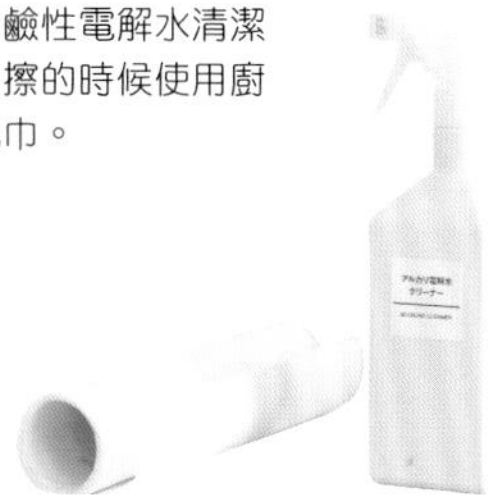

我非常喜歡用無印良品的鹼性電解水清潔劑。擦的時候使用廚房紙巾。

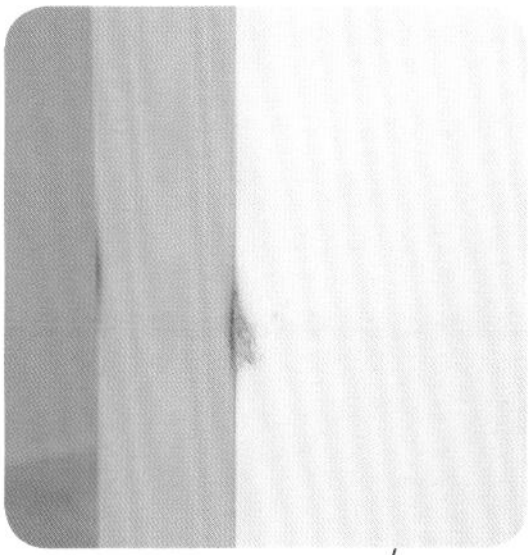

沾上貓咪皮脂的白色牆壁，放久了會變成咖啡色。

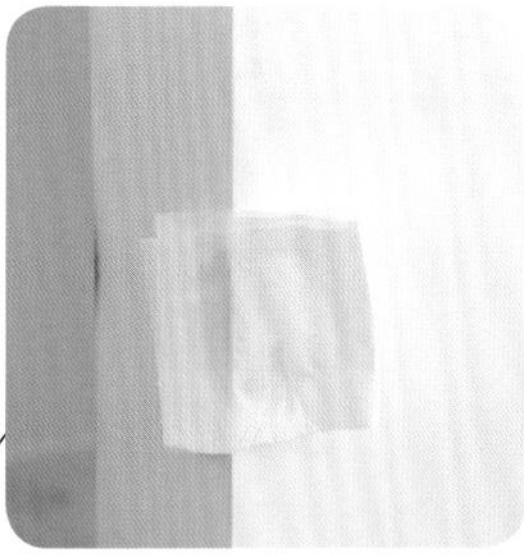

將鹼性電解水清潔劑噴在廚房紙巾上，整個覆蓋住咖啡色的污垢。

若直接對著牆壁噴灑，清潔劑會流下來，所以要用沾濕的紙巾貼在牆壁上。靜置1分鐘，擦拭時盡量不要讓污垢範圍擴大。

變得沒有那麼明顯了！

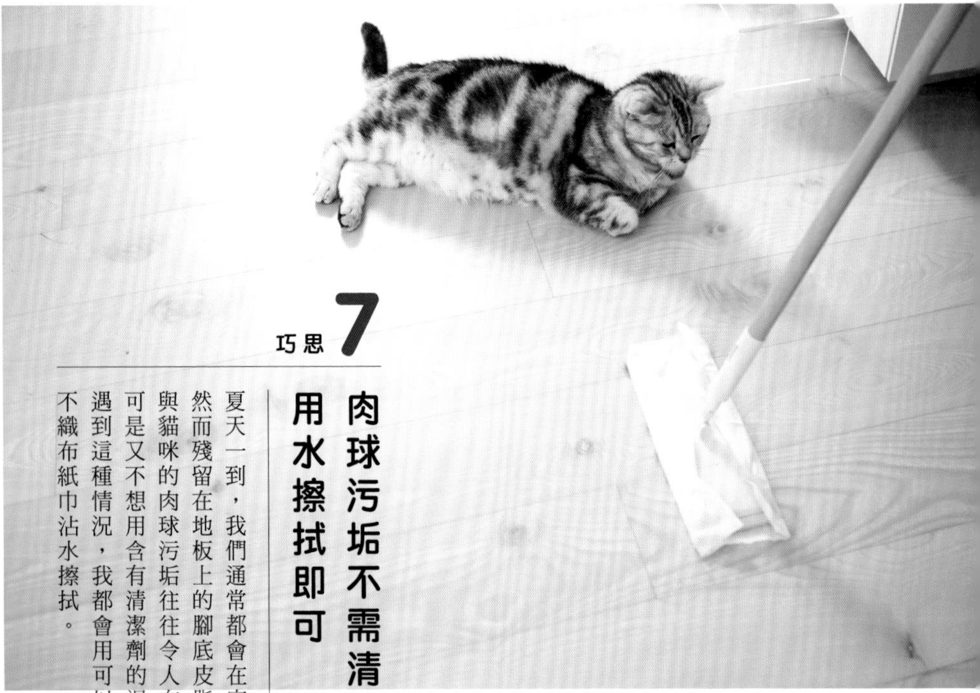

巧思 7

肉球污垢不需清潔劑，用水擦拭即可

夏天一到，我們通常都會在家光腳走路，然而殘留在地板上的腳底皮脂與貓咪的肉球污垢往往令人在意，可是又不想用含有清潔劑的濕紙巾擦拭。遇到這種情況，我都會用可以重複清洗的不織布紙巾沾水擦拭。

大掃除時，就用超細纖維拖把

想要把全家地板擦乾淨的時候，我都會用無印良品的超細纖維拖把，不加任何清潔劑，只用水擦。其實這些污垢靠超細纖維拖把就可以清除乾淨了。

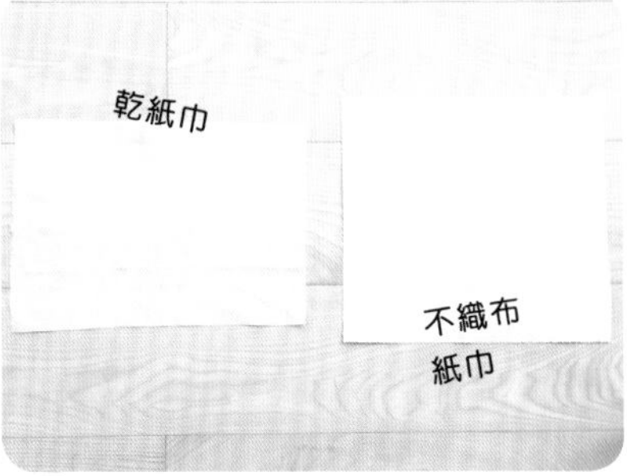

平常用乾紙巾做簡單的清潔，地板油油黏黏時則用不織布紙巾沾水擦拭

將可以重複清洗的不織布紙巾弄濕擰乾後，即可用來擦拭地板。通常我不使用清潔劑，不織布紙巾用完就丟。

用超細纖維抹布包住刷子刷洗。

雖然選擇了混色地墊，但多少還是看得出嘔吐殘留的痕跡。

巧思 **8**

地墊上的嘔吐污漬用刷子與超細纖維抹布清除

貓咪不小心吐在地墊上，嘔吐物如果是含有乾飼料的黃色胃液，就會變成污漬殘留……。這時候先將超細纖維抹布弄濕，包住刷子之後從各個方向刷洗，就可以將嘔吐所殘留的污漬清理乾淨了。

超細纖維抹布是一種吸水性佳的細緻纖維，能夠輕鬆去除污漬。

家裡用的是在大創購買的超細纖維抹布，3條100日圓，用完即丟。刷子也是在大創買的。遇到不易清除的污漬時，還會用布料專用清潔劑「布製品汚れ取りの匠」。

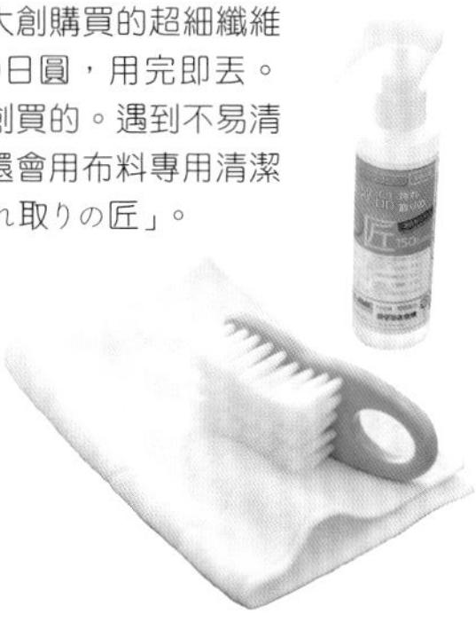

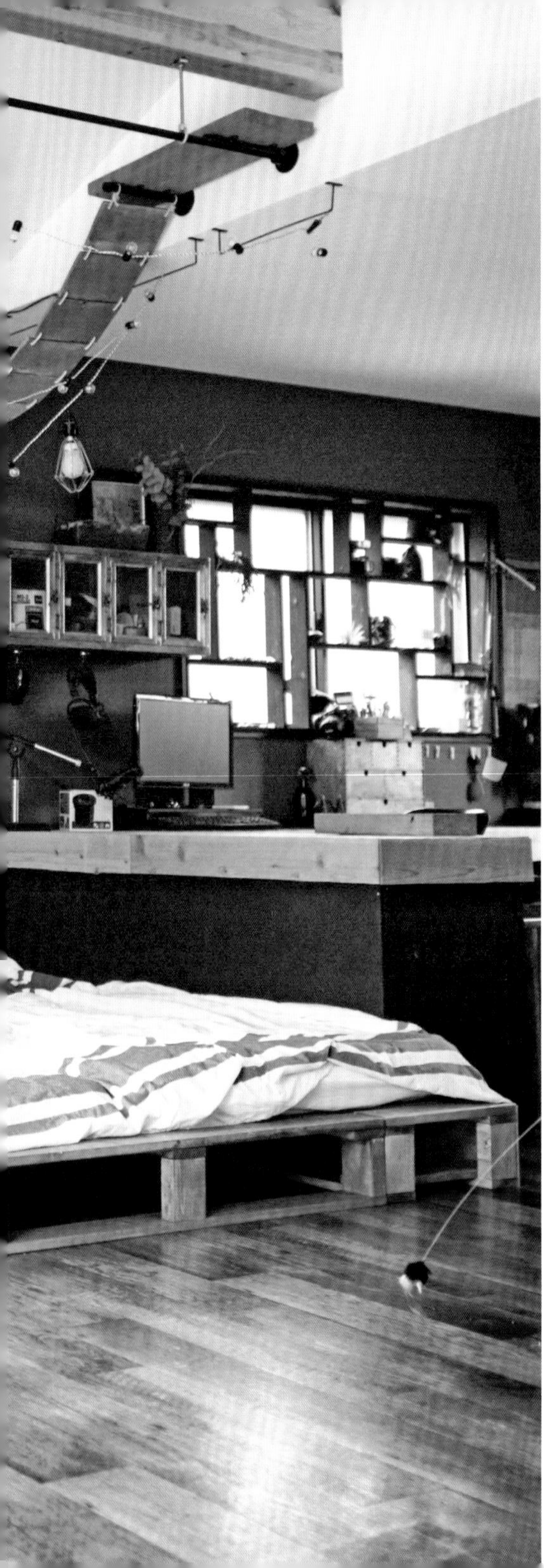

讓貓咪開心舒適的家

1

katsuwobushi 小姐

室內裝潢DIY，地板寬敞又空曠

宗親

麗

祿朗丸

2隻貓＋1隻狗＋3個人（夫妻＋孩子）

家裡頭一直都有在養貓，例如街上的浪貓、因車禍而失去腳的貓，以及原本的家庭因為養太多隻而遭到棄養的貓。有段期間這裡甚至成了一個養了5隻貓、1隻狗的大家庭呢！

Instagram　@katsuwobushi
https://www.instagram.com/katsuwobushi/

與無家可歸的貓咪一路走來的生活點滴

Katsuwobushi小姐喜歡自己動手做東西，從衣服、布製品與皮革小物、插圖到ＤＩＹ，通通都是她的最愛。3年前在連室內裝潢都自己包辦的情況下，蓋了一間可以自由設計的房子。

「其實家裡一直都有在養貓狗。多的時候甚至是一個5隻貓、1隻狗的大家庭。我們養的幾乎都是認養會上抱回來，或者是附近需要中途照顧的貓，也有不少是因為生病，結果過沒多久就上天堂的貓咪。」

抬頭一看，掛著手作吊架的牆壁上裝飾著歷代貓咪的照片，Katsuwobushi小姐在打掃的時候總是會一邊看著這些照片。和貓咪有關的掃除工具也都整齊地收納在木箱裡。

地板不要放東西打掃起來更舒心

每天都會用到的掃除工具放在隨手可得的地方

掛牆式吊架的其中一個部分是木製收納盒。略深的高度剛好可以遮住清潔用品與隨手黏，讓家裡看起來更清爽。

底部要保留可用除塵紙拖把清掃的高度

家裡的電視掛在牆面上，這樣就不需要電視櫃了。至於掛在電視下方的吊架，則是用來收納電視盒。這樣地板會更好打掃。

利用手作吊架，善用牆壁空間

在牆上架設櫃子會有一股壓迫感，所以我索性自己動手製作吊架（掛繩貨架）來收納與裝飾。使用的黑色繩子成了布置的亮點。

電視櫃、觀葉植物、貓狗的水碗，這些東西盡量不要直接放在地板上，如此一來就能營造出讓人想天天開吸塵器打掃的居家環境了！愛用的吸塵器品牌是Dyson。

飯廳與客廳沒有隔間，打造出一個寬敞舒適的大空間。挑高的天花板搭配明亮的落地窗，讓陽光毫無保留地從窗外傾瀉而入。

鋪上床墊就是可以打滾的沙發了

撤去家裡的沙發，放上床墊與抱枕來替代，這樣就可以和貓狗一起躺在上面打滾。再加上床單拆洗方便，能夠隨時保持乾淨清潔。

躺在床墊上與貓咪一起打滾

以懷孕作為契機布置成便於清掃的房間

採訪的時候，這裡原本只有夫妻倆，以及從舊家一起帶過來的吉娃娃祿朗丸、少了一隻後腳與前腳腳掌的橘貓宗親，和麗這隻從不當飼養多隻貓家庭中拯救出來的挪威森林貓。孩子出生之後，Katsuwobushi小姐家中現在一共有3個人，3隻寵物。

「我們家蓋好之後，其實內部裝潢一直都有在改變，像是原本擺的是手作沙發，現在則是直接把床墊當作沙發，這樣就可以跟貓狗一起躺在上面打滾了。」

Katsuwobushi小姐坦承，其實她原本是一個「就算房間髒亂不堪也照樣活得下去的懶人」，但是自從懷孕之後，她每個禮拜開吸塵器打掃3次以上，而且地板上盡量不放東西，因為她想要打造一個便於打掃的環境。

將手作的吊架掛在橫梁上，有效地利用牆面，布置成一個地板上沒有擺放家具、容易掃除的空間。

夫妻倆的枕頭旁是手作貓床

可以整個清洗的手作貓床。人睡的床也是自己親手做的，而且床板上還鋪有一層除濕墊。

貓毛用一般的隨手黏與強力清潔滾輪來處理

容易沾上貓毛的布製品，只要一發現貓毛，就會立刻用隨手黏與強力清潔滾輪來清掃。處理好之後直接丟洗衣機就可以了。

透過DIY讓貓咪更開心

手作貓跳板

用名為「鞍座固定夾」的金屬配件將層板固定在瓦斯管托架上，這樣就能夠做出貓跳板了。

從コ字型的工作台到室內裝潢，工作區全都是自己設計打造的。而且還另外加裝了一個木頭圍欄，以免小狗進入。

沿著天花板的橫梁延伸的貓走道

將貓跳板串連起來的貓走道也是自己做的。先用繩子將望板（野地板：平鋪在椽子上的木板）串起來，之後再銜接於作為走道支架的跳板上就可以了。

可以磨爪的地方

牆角一隅貼了質地較軟、厚約5mm的杉木板。大小不一的木片貼出來的模樣成了牆壁的裝飾，完美地與房間融合在一起。

防止進入廚房的防護網

以前廚房架設有一個可部分開關的防護網，主要是希望貓咪不要跑到廚房來。不過牠們現在已經不再調皮搗蛋，所以這層網子也就拆除了。

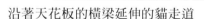

適合DIY、風格豪邁的室內裝潢

小狗的踏台、貓咪的磨爪區等，家裡有不少地方都是為貓狗而DIY的。像最近做的，就是用繩子將腳踏板與望板串連起來的貓走道與貓跳板。

「貓跳板我是先將瓦斯管托架固定在牆壁上，之後再用鞍座固定夾將腳踏板固定在上面。至於貓走道則是連結於貓跳板之間。其實只要算好板子厚度，用一把衝擊起子兩三下就可以完成了。像我就是只花一天完成這些工程的。」

下面這張照片的工作區，也幾乎都是自己動手完成的。コ字型工作台後方的手作層架上規劃了一個貓廁所，架上還放了蘋果木箱，營造出整齊劃一的木頭格調。

與貓狗一起打滾的幸福時光

貓狗的飼料也是收在廚房的角落裡，所以站在客廳是看不見的。廚房與工作區這些不讓貓狗進去的地方之所以會收納這麼多東西，原來是為了讓客廳看起來更寬敞呀！如此一來，貓狗自由活動的空間不僅變大，打掃起來更是輕鬆，難怪這個空間會如此舒適。

「貓狗的布製用品與碗盤在清洗的時候，用的都是與人類一樣的清潔劑，殺菌的話就只用一瓶次氯酸水。一旦看到貓狗掉下的毛，就用隨手黏或強力清潔滾輪清除乾淨。但是對我來說最幸福的，莫過於不必在乎貓毛、狗毛，與貓狗一起打滾的生活。」

看來打造一個可以享受極致幸福的房間，還有好一段路要走。

飼料等相關用品都放在手作吊架上

貓飼料統一放在廚房角落的吊架上，伸手就可以拿到了。已經開封的飼料則是放在密封罐中。

katsuwobushi小姐的
養貓原則

1

與人共用中性清潔劑

清洗貓碗時使用的是與人類一樣的洗碗海綿與洗碗精。消毒的話則是用次氯酸水（P.66），有了這一罐，萬事OK。

2

貓飯桌要略高

水碗也是放在距離地板有些高度的地方，固定在牆面的層架上。乾飼料則是放在高度剛好適合貓咪低頭吃飯的層架角落。不管是水碗還是飯碗，都不直接放在地板上，這樣打掃起來更方便。

3

飼料收在好拿的容器裡

密封罐因為可以看到內部，比較容易確認分量，而且用來擺飾也相當漂亮。至於以塑膠容器做成的抽屜，則是先量好尺寸，之後才來量身訂做層架，所以大小高度才會這麼剛好！

4

不同貓砂的4個貓砂盆

家裡有段時間養了5隻貓，所以我準備了4個貓砂盆。不過現在只有2隻，因此主要使用的貓砂盆有2個，而且分別放了礦砂與松木砂。

細菌與病毒該注意到什麼程度呢？

又髒又臭的貓砂盆會造成貓咪的壓力

每個人對於打掃的成果要求與用心程度各有不同，但只要一回到原點探究「打掃的目的」，大多數的人應該都是為了「保持整潔衛生」，同時也為了預防病毒與細菌侵入我們體內才這麼做的。為此，我們向獸醫山本宗伸醫師請教了對養貓人家來說非做不可的掃除工作。

「除非是對貓咪過敏的人，否則基本上來講，貓毛是由蛋白質所構成的，就算不慎跑進人的嘴巴裡，也不會造成太大的問題。相對重要的，反而是貓砂盆的清掃，因為貓咪愛乾淨，所以貓砂盆若是不夠乾淨，就會給貓咪帶來壓力。曾經有報告指出，貓咪會躲避充滿臭味的貓砂盆，因此貓砂最好每個月全部更換一次。糞便的氣味是貓咪的健康指標，只要裡頭有細菌，味道就會改變；糖分攝取過多，味道也會變臭。貓砂盆底部如果有糞便殘留的話，氣味也會變得很重。」

至於嘔吐物與水便，通常帶有病菌，若是遇到這種情況，最好是能夠順手消毒。

為我們解答的是……

山本宗伸醫師

Yamamoto Soshin◎貓咪專科醫院Tokyo Cat Specialists的院長。小學時曾經認養貓咪，這也成了他決定當獸醫的契機。曾擔任「Syu Syu Cat Clinic」的副院長，之後又到紐約的貓咪專科醫院「Manhattan Cat Specialists」進修約1年，並於2016年創辦「Tokyo Cat Specialists」。隸屬於國際貓科醫學會ISFM。

貓咪專科醫院的貓咪部落格「貓咪百科（nekopedia）」
http://nekopedia.jp/

POINT

1. 貓咪討厭有臭味的廁所，可能會因此感到有壓力
2. 貓砂每個月要全部換新1次
3. 嘔吐物與水便要注意細菌感染

2 會讓貓感到有壓力的事情，以及牠們不願讓人打掃的地方是？

要明白貓咪與人的感受不同

原本以為貓咪會開心，沒想到竟然為牠們帶來壓力……。

「要特別留意的是香味。貓咪非常討厭柑橘類的味道，要盡量避免使用有柑橘味的清潔劑。另外，也常有人詢問香精油的事。雖然香精油對貓咪的影響尚未明確，但還是有報告指出曾經有貓咪因此中毒。我個人認為使用香精油時，最好與貓咪保持一段距離。」

用來洗碗盤的海綿可否與人共用呢？

「基本上我會建議分開使用，畢竟貓咪口中或唾液裡的細菌有可能因此而傳染給人類。不過清潔劑與人類共用無妨。」

貓咪對於氣味非常敏感，是吧？

「貓咪在柱子或牆角上磨蹭，通常會留下黑色污垢，這是貓咪的皮脂污漬。這麼做的原因，是為了在上頭留下記號，讓這個地方沾染自己的氣味，若是馬上清除乾淨的話，恐怕會對貓咪造成壓力。另外，有些貓咪聽到吸塵器發出的噪音也會覺得有壓力。雖說每隻貓咪的情況都不同，無法一概而論，不過有些貓咪的確會因為害怕這樣的聲音而不肯出來，甚至尿失禁呢！」

我們往往會以人類的感覺來設想貓咪的狀況。可以的話，還是希望大家可以多加了解貓咪最基本的特質與個性。

POINT

1. 避免柑橘類的香味
2. 有的貓咪會對較大的音量感到有壓力
3. 貓咪磨蹭是為了留下記號，清得太乾淨對貓咪也不好

2 不再為貓毛所困的打掃洗滌對策

沾上貓毛的布製品，先用隨手黏將貓毛清除乾淨之後再洗。但是在這之前，勤幫貓咪梳毛也很重要！

Yano 家都是這麼做！

貓毛清理
實用巧思

不需太在意，
但一發現就立刻處理！

巧思1

梳理貓毛要在浴室裡

想要預防貓毛滿天飛，最好的方法就是多替貓咪梳毛。為了避免家裡被貓毛佔領，我們都是在浴室裡幫貓咪梳毛的。

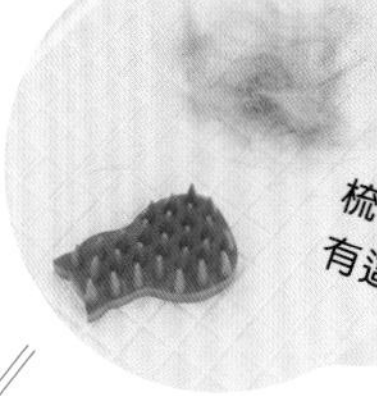
梳下的毛有這麼多！

在浴室梳毛可以用水沖，使貓毛聚集在同一個地方，非常方便。

巧思2

先了解不會讓貓毛看起來很明顯的材質

衣服上稍微沾到貓毛，其實沒有什麼害處。不過太明顯的話，還是會讓人非常在意，是吧？所以Yano家的衣服、布製裝飾等，都是挑選看不出貓毛的材質。

讓貓毛不會那麼明顯的「花色系」

超過兩種顏色的線編織而成的花布，視覺上有降低貓毛明顯程度的效果。

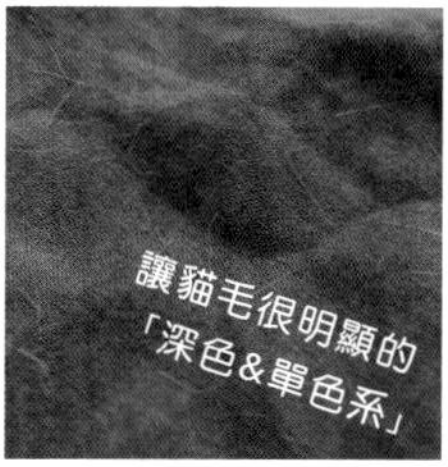
讓貓毛很明顯的「深色&單色系」

根據我的研究，讓貓毛看起來最明顯的是「單色系以及深色系的布料」。

讓貓毛不會那麼明顯的「混色花線」

數種不同顏色的線編織而成的混色花線，也不會突顯出貓毛。

最愛的混色花線汗衫

巧思 3

四處紛飛的貓毛用微纖毛除塵撢與手持吸塵器清理

以前人們會說「灰塵拍一拍就會掉」，可是對於最近的人來說，想要清除灰塵用「擦的」或是「吸的」絕對比較好！Yano家在清除貓毛時常用的工具，是微纖毛除塵撢與手持吸塵器。

伸手無法觸及的地方用微纖毛除塵撢

無印良品的伸縮型微纖毛除塵撢，刷頭部分可調整角度，像是家具後方與冷氣上方只要輕輕一擦，兩三下就清潔溜溜。而且刷頭還可以水洗，非常方便！

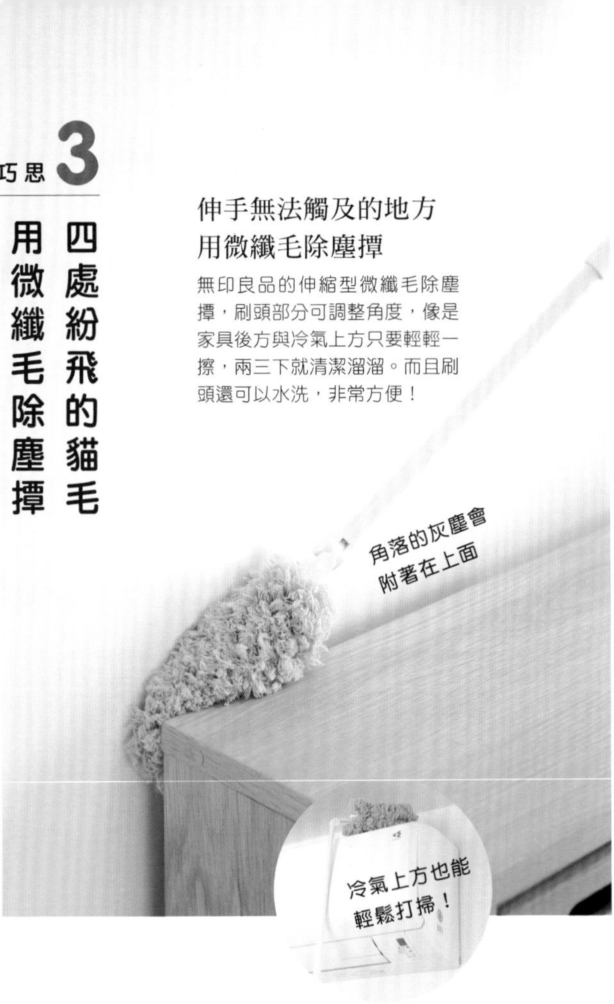
角落的灰塵會
附著在上面
冷氣上方也能
輕鬆打掃！

細部地方就用手持吸塵器

書架周圍、電腦鍵盤與窗框溝槽之類的角落，是用宜得利的手提吸塵器（Nitori Handy Cleaner CT-23）來清理。毛刷吸頭可拆，非常實用。

容易髒的鍵盤
縫隙也OK

窗框溝槽的
灰塵用吸的

巧思 4

沙發上的貓毛 先噴水，再手搓

我們針對沙發上的貓毛做了一個實驗，看看用隨手黏或先噴水再搓毛哪一個方法比較好清。結果發現……在沙發上噴水這個方法可以輕鬆地將貓毛清乾淨！

✕ 只用隨手黏，需要用掉6張才清得乾淨……

噴水在沙發上，將整個椅面噴濕。

手掌放在噴濕的椅面上，以畫圓的方式輕輕搓揉即可。雙手不需沾濕，只要在沙發上噴水就好，這樣會更好清。

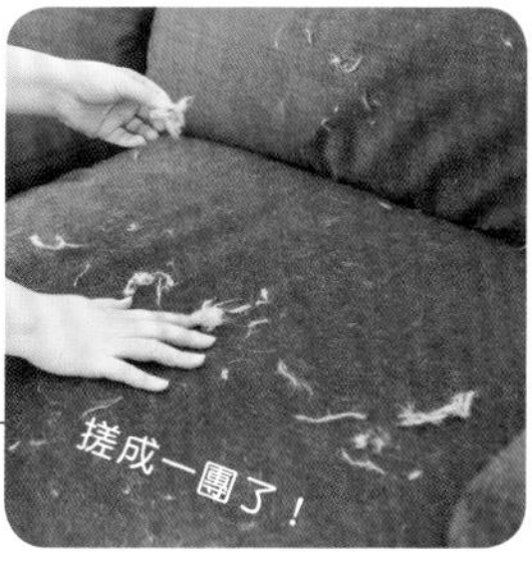

重複噴水&畫圓這兩個動作，就可以搓出一團貓毛，非常神奇！

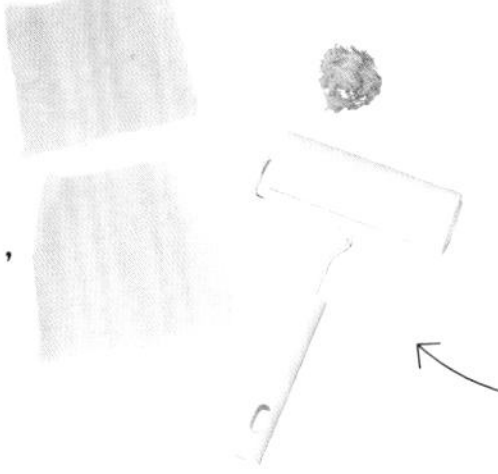

○ 再用隨手黏做最後清潔，只要2張就夠，非常節省！

巧思 5

在家中各處都準備好隨手黏

其實懶得打掃，也有可能是因為發現貓毛時，一時找不到打掃工具而作罷。只要沿著動線擺放隨手黏，就可以隨時清理了。

玄關放了一支隨手黏，這樣出門時可以順手黏一下身上的貓毛。選的種類是看起來不醒目的迷你尺寸。

沙發旁也藏了隨手黏與強力清潔滾輪

沙發旁也放有隨手黏與強力清潔滾輪，而且是藏在進門看不到的角落。

衣櫃裡放了衣物防靜電噴霧與殺菌噴劑

更衣時是用一般尺寸的隨手黏來處理貓毛。常穿的衣服是容易沾上貓毛的聚酯纖維材質，所以通常還會用到衣物防靜電噴霧與殺菌噴劑。

巧思 6

可清除大量貓毛的強力清潔滾輪

這裡用的是附把手的強力清潔滾輪（Nippon Seal）。聚集在裡面的貓毛囤積到某個程度後，就可以一口氣全部清除乾淨，非常實用。有了它，就能心情愉悅地清理地毯或地墊上的貓毛，而且還能重複使用，是ＣＰ值絕佳的好工具。

只要前後輕輕滾動，刷子上就會沾滿貓毛。可以清出黏在地墊或地板上的貓毛，囤積在內部。

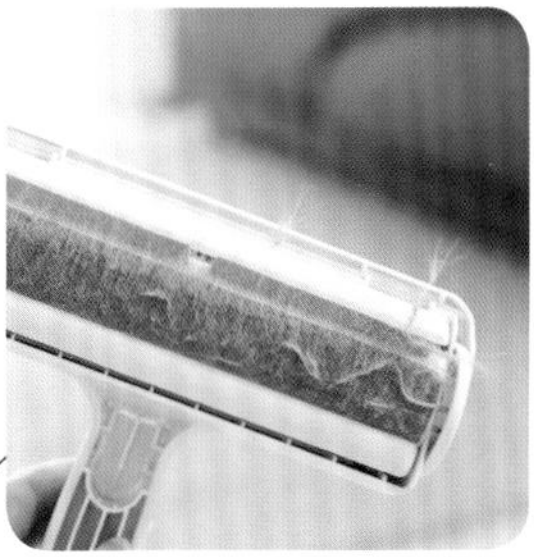

哇，竟然可以清出這麼多貓毛來！

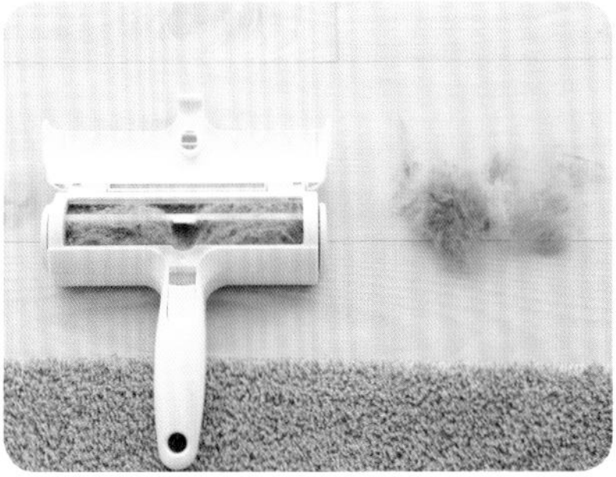

按下把手的按鍵，打開蓋子，就能將囤積在內部的貓毛清除乾淨了。

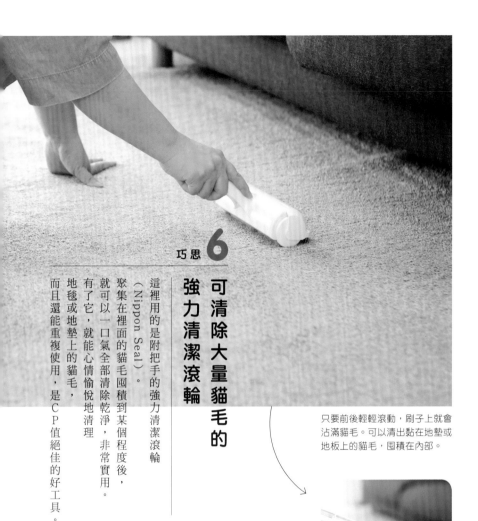

讓貓咪開心舒適的家

2

島內紀子小姐

沾上貓毛的衣物 手洗之後再丟洗衣機

Shiro

黛西

1隻貓＋1隻狗＋4個人（夫妻＋孩子）

Shimauchi Noriko◎18年前從獸醫朋友那裡認養了2隻貓咪，2年後換我妹妹養，過了11年又開始一起生活。其中一隻已經走了，現在家裡這一隻已經18歲了。

Instagram　@atelier_ensemble

Atelier Ensemble HP
http://www.atelier-ensemble.net/

隨心所欲的自然派生活

島內夫妻倆創辦的「Atelier Ensemble」，是一間從住家或店面設計到施工全都一手包辦的室內裝潢公司。家裡有18歲的貓咪Shiro、9歲的迷你雪納瑞黛西，還有兩個分別念小學與高中的兒子，也就是4個人再加2隻寵物的家庭。

「Shiro是我從獸醫朋友那裡認養的兩隻貓咪中的其中一隻。剛開始是我在養，2年後送到我妹妹家，11年後又再回到我們家。其中一隻2年前走了，而與Shiro生活的日子也已邁入第5年，換算成人類壽命的話，已經差不多88歲了。」

島內小姐的住家是將中古屋重新裝潢的透天厝。重新裝潢時，家裡還沒有養貓狗，她「非常後悔當

清除貓毛洗滌術

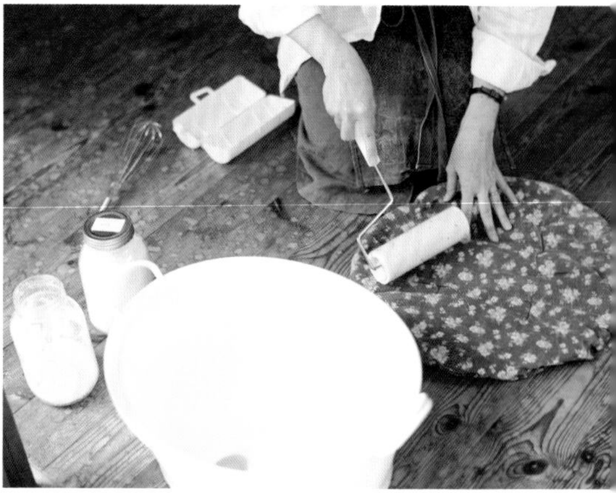

先用隨手黏清掉貓毛

貓咪躺枕與貓床等布製品在清洗之前，盡量先用隨手黏把貓毛清乾淨。

倒入倍半碳酸與檸檬酸

在略深的桶子裡注滿水，分別倒入1匙（約20cc）倍半碳酸與檸檬酸。污漬若是過於嚴重，就再加入1匙氧化型漂白劑。

將肥皂均勻攪散

攪拌肥皂時，用打蛋器會比較快溶化。如果能用溫水的話，溶解的速度會更快。

想使用天然一點的清潔劑，所以選擇倍半碳酸、檸檬酸、氧化型漂白劑與肥皂來調製。

初在設計內部裝潢與收納的時候，沒有先將飼養貓狗這件事納入考量」。這位室內裝潢專家建議大家：「如果想要為貓狗打造一個可以除臭與防濕的空間，家裡最好採用具有除臭效果的灰泥牆或是珪藻土。」另外，島內家的松木地板也是為了方便貓咪行走而鋪設的。

家裡的地板不打蠟。清洗貓咪的躺枕套時，屬於自然派的島內小姐也都盡量使用倍半碳酸、檸檬酸、氧化型漂白劑與肥皂調製的清潔劑。

「其實我本來不太會打掃，是全國友之會、鎌倉友之會與生活協同合作社·生活俱樂部的先進告訴我，我才知道這些天然的打掃方法，但是這並不代表我想成為一個極簡主義者，或是將目標放在簡單生活上，我只是單純覺得這些方法還不錯所以隨意採用，也就是以自由任性的貓型生活為基礎。」

壓洗之後
再浸泡

要洗的布製品丟入桶子裡，壓洗數次，等貓毛浮上來之後再浸泡。

洗好之後 攤在陽光底下 曬乾

島內小姐的家位於山上，有個綠意環繞的庭院。天氣好的時候他們會坐在院子裡喝茶，洗好的東西也幾乎都是直接掛在椅子上曬乾。

貓毛多時
才用吸塵器

先用德國Miele吸塵器吸過一次地板，之後再用擦的。如果是像廁所這些比較狹窄的地方，就用日本牧田無線吸塵器。

松木地板用抹布擦拭
感覺更舒適

地板上盡量不放東西，這樣用抹布擦拭時會更方便。刻意不打蠟，以感受地板的天然質感。

抗菌噴劑

最愛用Nico具有抗菌效果的烏樟草本清潔水和除臭噴劑。

用掃把簡單打掃的掃除習慣

「喜歡打掃工具」的島內小姐，通常會視情況分別使用掃把、吸塵器與抹布，讓掃除這件事充滿樂趣。有時在拿出吸塵器前，還會先用掃把簡單掃過一遍。

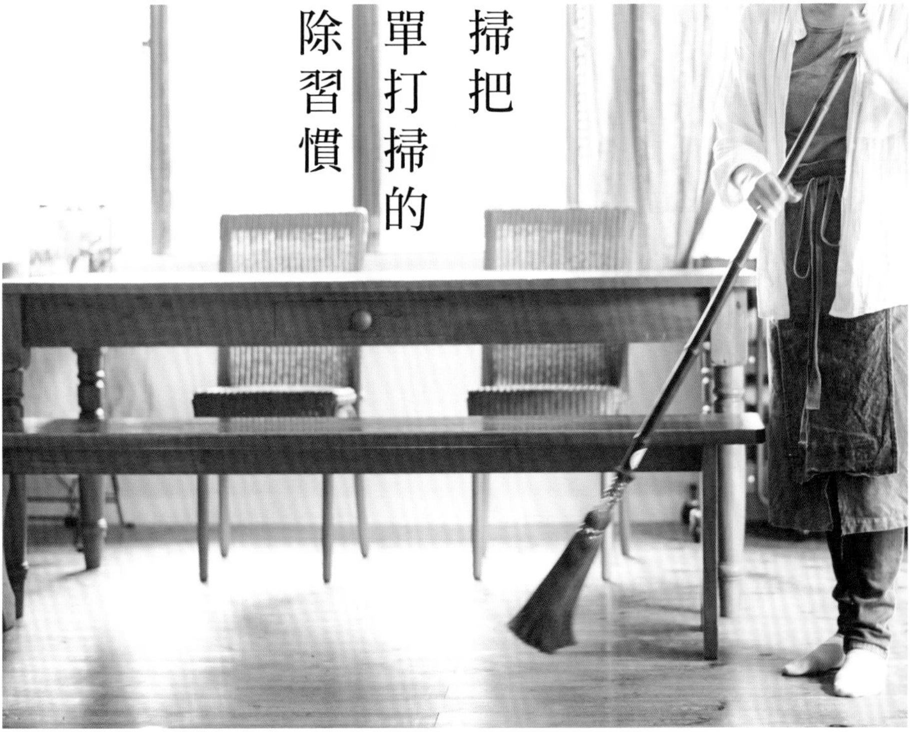

沒想到連自己也覺得非常清爽！

為了讓貓狗慵懶地度日，地板上幾乎不擺東西，有時看到貓毛也是用掃把隨便掃個兩三下就好。

「貓毛會沾在掃把上，掃好再用吸塵器吸就不會亂飛。之後用濕抹布擦一遍就乾淨溜溜了。」

打掃時，振奮精神是一件非常重要的事，所以島內小姐的家裡才會準備了各式各樣的打掃工具，以便視情況區分使用。另外，沖泡咖啡時剩下來的殘渣可以當作除臭劑，或者是用薄荷油來驅蟲，甚至不再使用柔軟精，這種不會傷害動物的自然派生活，到最後也可以讓自己更加神清氣爽。

「看到家裡那兩隻過得自由自在的貓咪時，都會覺得我應該也要過得更像自己。所以才會愛上這種和貓咪一樣不做作的生活。」

貓咪起居的地方也同樣舒適

站在廚房這一端看到的客廳場景。從露台傾瀉而來的陽光與徐徐吹過的微風，讓人心情格外舒暢。

島內小姐的
養貓原則

1

貓與人的餐具
使用不同水槽

家裡洗碗的水槽有兩個，小的專門用來洗貓碗。洗碗精人貓共用，洗碗海綿則是另外使用貓狗專用的。

2

貓碗是不鏽鋼材質

為了一眼看出污垢，貓的飯碗與水碗都是不鏽鋼材質。貓狗吃飯的地方是分開的，狗在室外，貓在室內。

3

裝乾飼料的容器裡
多放幾包乾燥劑

保存乾飼料的容器裡，放的是除濕效果佳的珪藻土乾燥塊「soil」。矽膠類等乾燥劑也一起放入。

4

廚房角落要保留
貓咪吃飯與上廁所
的空間

不鏽鋼鐵盤上放的是貓咪的飯碗與水碗。門旁擺著貓砂盆，門後有洗手間，所以打掃起來非常方便。中間的籐籃統一用來收納貓咪用品。

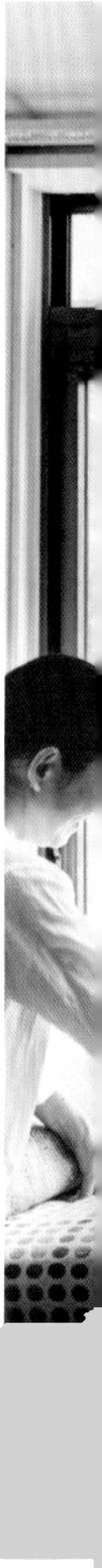

古民家風格貓咖啡廳的打掃時間

除臭對策 比照人的生活

愛貓人士來到鎌倉觀光時，通常也會順路造訪這家古民家風格的中途貓咖啡廳「鎌倉貓間」。店裡的貓咪一般會超過10隻，那麼，他們是怎麼打掃的呢？

「其實我們沒有特別做什麼耶。」身為負責人的永田久美子小姐這麼說。

「像是鋪在地板上的墊子會先拍打再吸塵，抱枕上的貓毛則是用隨手黏來清理。擦地板時會先噴灑寵物專用的除臭劑，之後再用抹布

打掃時，2樓的地板與地墊都要先用日本牧田無線吸塵器吸過一次。這一點貓咪也已經習慣了。

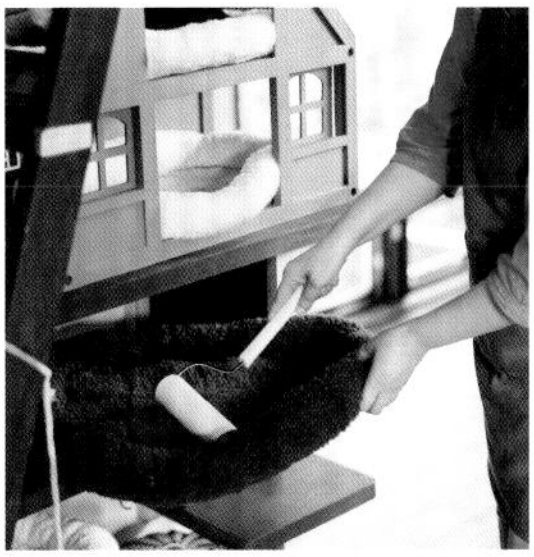

貓床用隨手黏清理

店裡的貓超過10隻，而且年齡從2個月大到成貓都有，所以準備的貓床也是大小都有，每一張貓床都會用隨手黏細心地將貓毛清除乾淨。

來到這裡可以品嚐到斯里蘭卡的錫蘭紅茶、具有藥效的花草茶，以及哥倫比亞有機咖啡。

先噴除臭劑，再用抹布擦地

用吸塵器與隨手黏清除貓毛後，在地板上噴灑除臭劑並用抹布擦拭乾淨，確認會成為異味來源的貓咪糞便沒有殘留在地板上。

貓砂盆周圍也要用吸塵器吸

用吸塵器一口氣將2樓→樓梯→1樓放置貓砂盆的地板清理乾淨。日本牧田吸塵器吸力很強，加上吸嘴的設計簡單，非常實用。

擦過一次。剛到我們這裡的毛孩子會因為壓力而亂尿尿，也常嘔吐。飼養的貓咪數量一多，就要多注意氣味還有細菌孳生等問題，所以我們一定會用殺菌專用的酒精噴劑和烏樟草本清潔水。」

咖啡廳位在2樓，而貓廁所則是分開設置在1樓，不過兩個地方都不會有異味產生，這樣愛乾淨的貓咪也能夠與客人開心地玩在一起了。

Cat Café
鎌倉貓間
（鎌倉ねこの間）

Kamakura Nekonoma◎靠近鎌倉大佛（高德院），位在山間閑靜住宅區的獨棟中途貓咖啡廳。隨時都有10隻左右待認養的貓咪在這裡生活，亦接受客人領養。

HP
https://www.kamakuranekonoma.com/

3

常保整潔、沒有臭味的貓廁所

設置貓廁所的地方跟狗不一樣，
通常都是在室內。
一旦疏於打掃，
刺鼻的阿摩尼亞味就會……。
因此我們找出了
不會讓家裡臭氣沖天、
而且方便清掃的方法。

Yano家都是這麼做！

貓廁所清掃
實用巧思

如果能夠找到方便好用的
打掃工具會更輕鬆！

巧思1

貓砂盆放在看得見&通風好的地方

決定貓砂盆擺放位置的重點有：
①不會讓貓咪緊張
②人類可以觀察到貓咪
③通風良好
Yano家的廁所空間不夠大，
所以貓砂盆是放在比較寬敞的地方。

貓砂盆放在通風良好的窗邊

Yano家的貓砂盆是放在開放空間裡。旁邊有個小窗戶，通風良好，而且還可以看到貓咪上廁所的樣子，這樣就不會疏於打掃了。

附近擺放空氣清淨機

貓砂盆的斜對面擺了一台空氣清淨機，再加上窗戶，除臭效果幾乎是雙倍。將貓砂盆放在視線範圍內的好處，就是可以提醒自己，並且強迫自己把環境整理乾淨。

巧思 2

消除貓砂異味的BOS除臭袋

清掃貓砂盆時我最常用BOS除臭袋。先將除臭袋的內側外翻，套在手上，再大把挖出糞便，直接丟棄。這樣就不會弄髒貓砂鏟，非常方便。

整袋丟掉

右側的防臭袋裡裝的是尿墊。用S尺寸的就可以了。裝好之後把袋口綁緊，異味就不會外漏，打開垃圾桶時更不會臭味撲鼻。

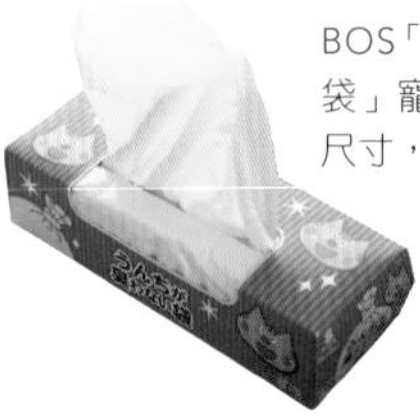

BOS「去屎味垃圾袋」寵物用盒裝S尺寸，200入。

巧思 3

排泄物放在室外，善用IKEA垃圾桶

將貓咪的排泄物與尿墊裝入防臭袋後，就丟在室外的垃圾桶裡。我們家使用的是IKEA附蓋垃圾桶。這不是室外專用的，所以會生鏽，但無妨。

重視造型的我們選擇了IKEA的垃圾桶。因為把室內垃圾桶放在屋外，外側邊緣與內側底部的接縫處有點生鏽，但是無損其俐落的外觀，加上材質結實，所以還算好用。

巧思 4

貓砂盆每個月整個清洗一次

貓砂盆除了每天擦拭，每個月還要拿到浴室刷洗。洗之前先泡水，之後再用沾上沐浴乳的海綿刷洗。網眼部分用牙刷清理，最後再噴灑酒精消毒殺菌即可。

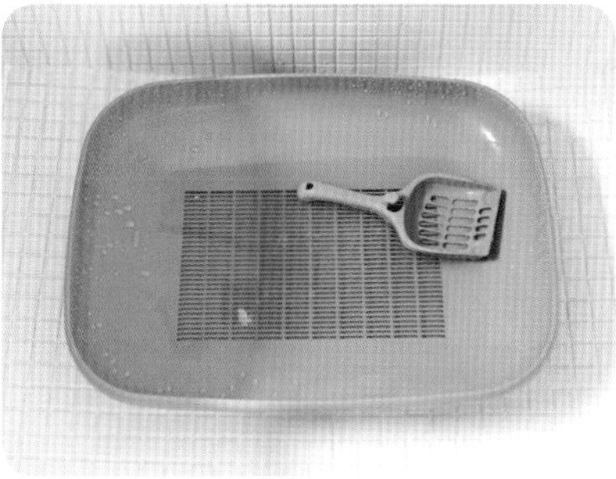

家裡如果是用Unicharm貓砂盆的話，篩網可以先疊放在尿墊盤上浸泡一下。

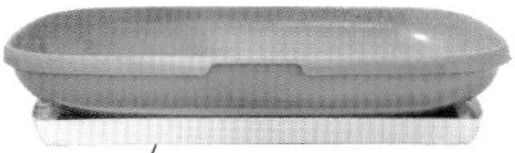

放在尿墊盤上浸泡

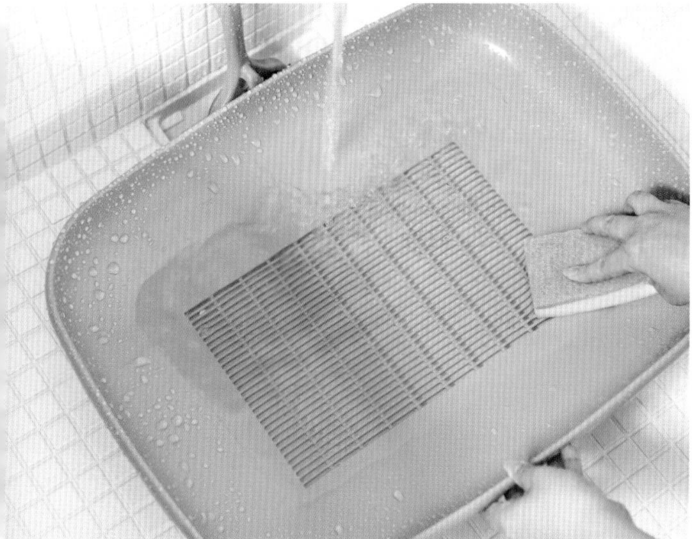

用海綿柔軟的那一面清洗，以免刮傷

塑膠材質的貓砂盆若是刮傷，細菌就會在裡頭孳生，因此刷洗時海綿要用柔軟的那一面，不要用質地粗糙的那一面。

擦乾水分後再噴灑除菌噴霧即可。

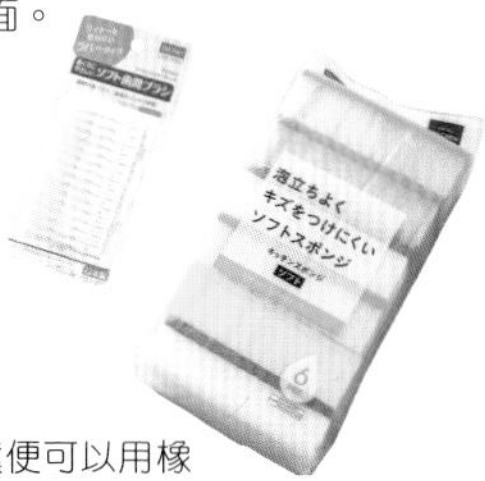

塞在網眼裡的糞便可以用橡膠材質的牙縫刷（照片左）來刷洗。圖片中的這兩種清潔工具都是用過即丟，所以到百圓商店購買就可以了。

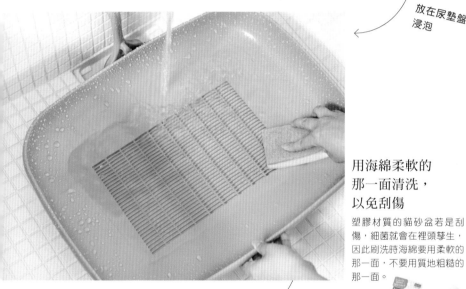

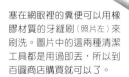

讓貓咪開心舒適的家

3

伊藤美佳代小姐

貓砂盆的打掃工具擺在同一處

小空

庫塔

2隻貓＋2個人（夫妻）

Ito Mikayo◎庫塔是愛貓的婆婆在公司附近養的貓咪所生下的小貓。而小空，則是3年後在認養會上抱回來的。現在這兩隻貓和樂融融地生活在一起。

Instagram　@ito_mikayo
http://mikayo-ito.jugem.jp/

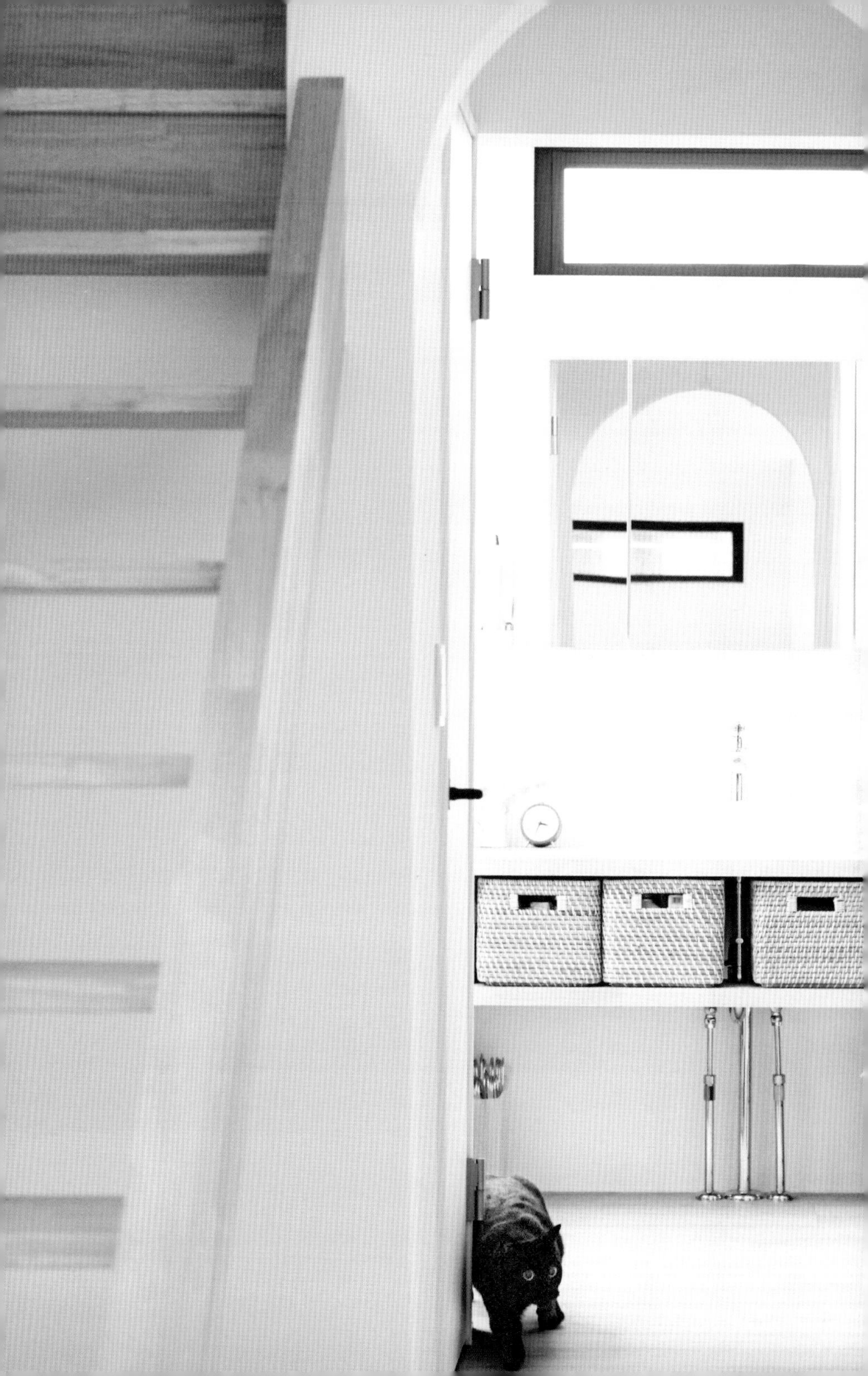

容易打掃的設想與安排 讓環境常保清潔

地板是白色的，更要保持清潔

身為整理收納・照明擺設顧問的伊藤美佳代小姐，家庭成員有9歲的黑貓庫塔與6歲的灰白貓小空，另外再加上夫妻兩人。兩年前，伊藤家將屋齡40年的老家改建成兩代同堂的住宅。

「由於我們擴大了洗手間的空間，所以能在從入口看不到的窗邊整理出一個角落來安置貓廁所，而且貓咪的清掃工具也通通擺在同一個地方，吸塵器也是放在這裡。附近有清洗的地方打掃起來真的很方便，這樣的安排實在是太棒了！加上這個位置又是靠窗的明亮空間，讓人看了忍不住想要保持清潔。」

潔白明亮的地板往往會讓垃圾髒污更加明顯，所以看到不掃是不行的。

洗手間的地板用隨手黏，四散的貓砂也沒問題

打掃整個房間時，用的是無線吸塵器與打掃機器人Roomba。只要發現有地方髒了，也會立刻拿起隨手黏打掃乾淨。而散落在貓砂盆周圍的細沙如果量不多，也是用隨手黏來解決。

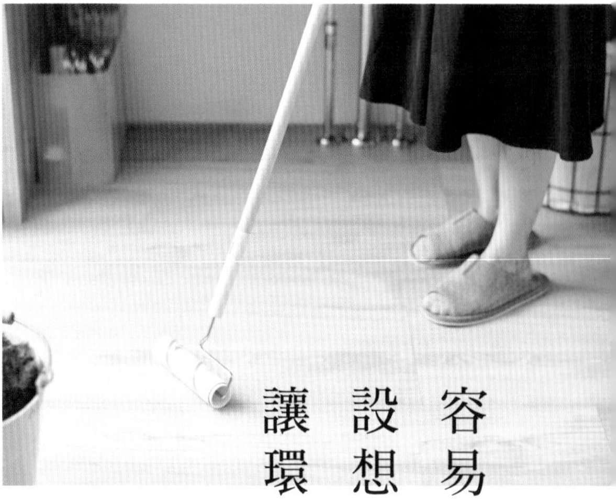

打掃貓廁所只需2個簡單步驟

將貓砂倒在IKEA的抽屜裡，就可以當作貓砂盆來使用了。排泄物裝入塑膠袋之後，噴灑鹼性電解水清潔劑在容器與地板上，再擦拭乾淨就可以了。

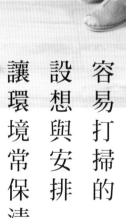

清掃工具收在一起，順手拿取更方便

桌上型小掃帚、塑膠袋、面紙、鹼性電解水清潔劑等，貓廁所的打掃工具全都收在同一個地方。使用的幾乎都是無印良品的產品。

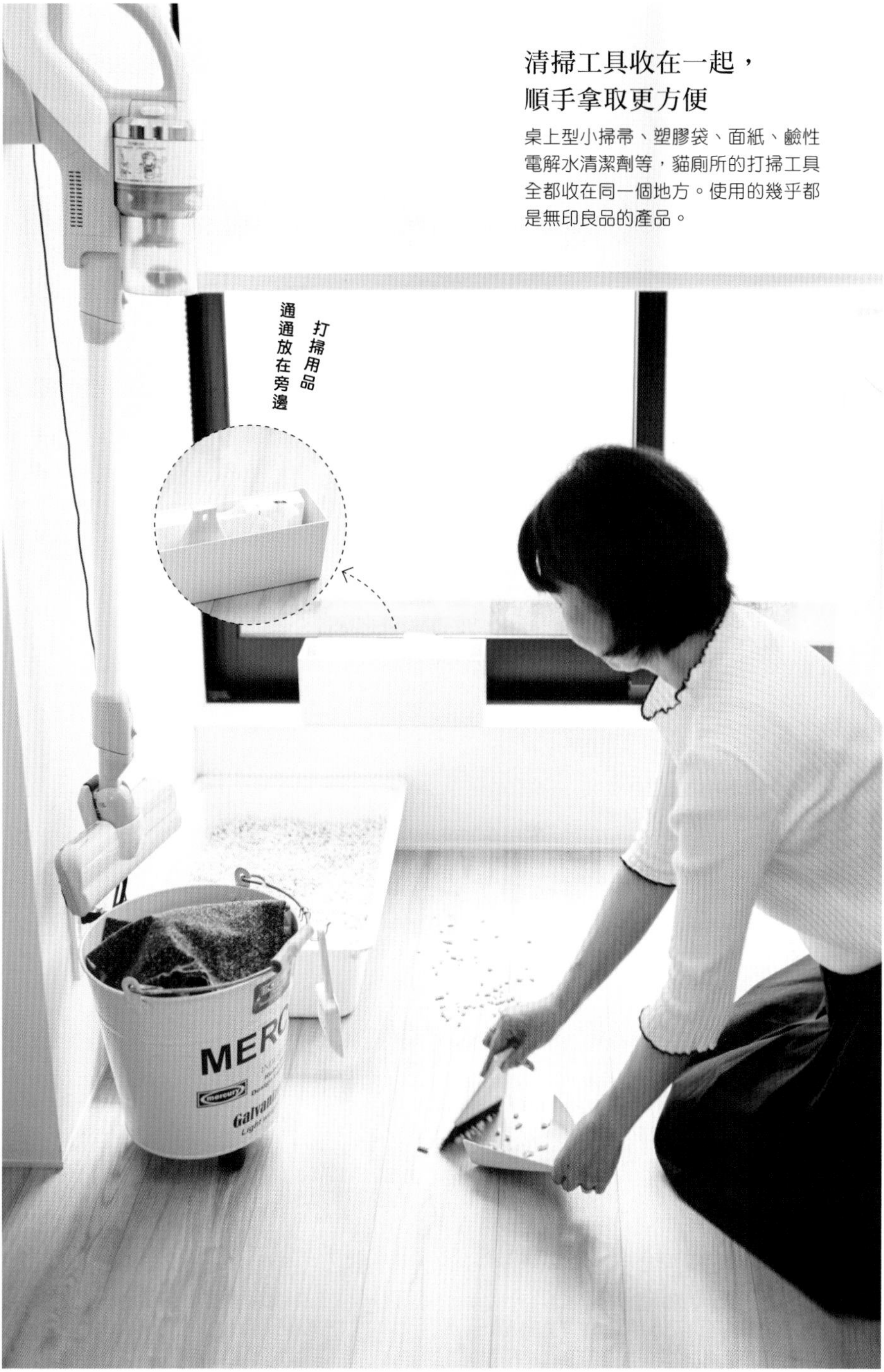

好好決定收納地點 打造整潔的生活

以沾上貓毛也沒關係、方便好用為優先考量！

「我先生說他小時候，家裡一直都養著1～2隻貓。我雖然愛狗，但是在婆家長期與貓咪接觸，有一天夫妻倆突然就聊到想要在家裡養貓……。」

愛貓的婆婆在公司附近養了一隻貓，後來我們將那隻貓生下來的小貓抱回家，也就是庫塔。3年後，心裡突然冒出「家裡如果能再多養一隻貓的話，庫塔應該會很開心吧」的念頭，於是便從認養會上抱回了小空。

「與這兩隻貓一起生活後，我們才開始重新裝潢家裡的。所以貓跳台與貓咪藏身的地方都是事先規劃好。家裡的開放式收納空間不少，不過即使是閉合式收納空間，最後也還是會有貓毛跑進去，因此我們決定不讓自己一看到貓毛就神

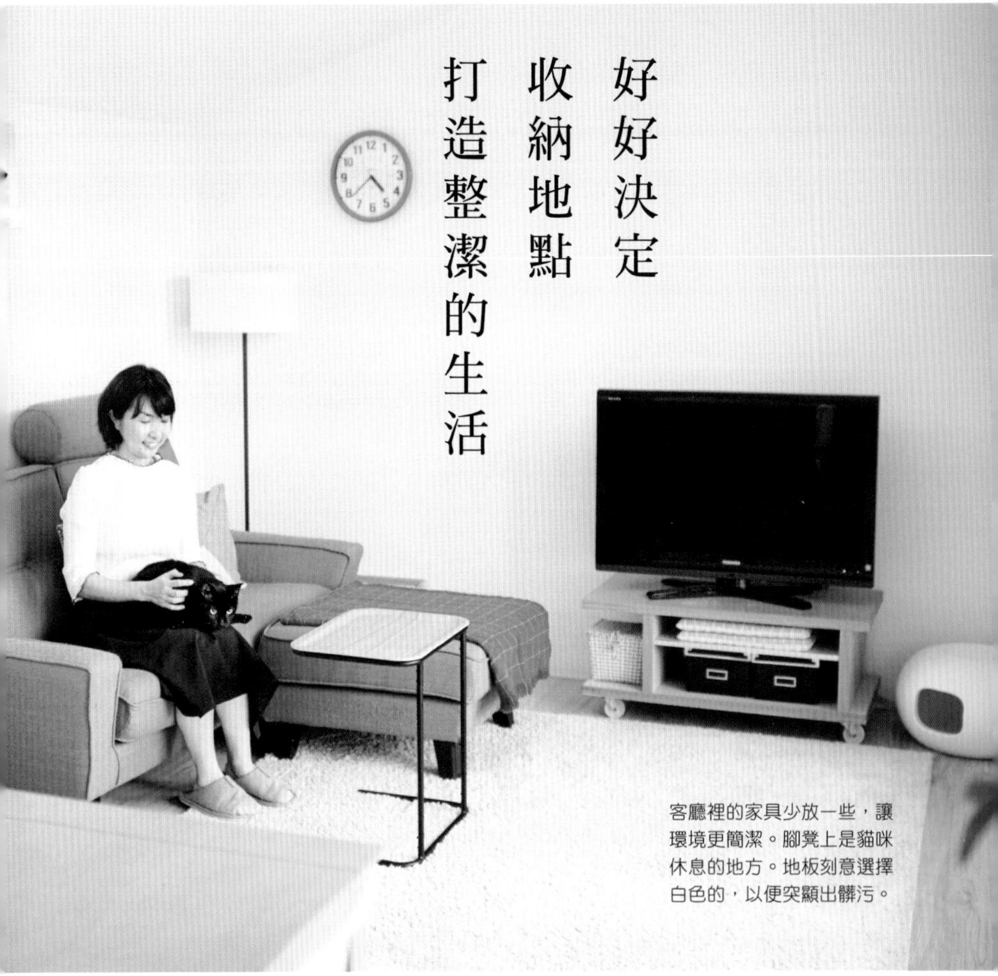

客廳裡的家具少放一些，讓環境更簡潔。腳凳上是貓咪休息的地方。地板刻意選擇白色的，以便突顯出髒污。

經兮兮，一切都是以方便省事為優先考量。」

不喜歡打掃的伊藤小姐建議大家「順手打掃」這個方法。

「我不太會打掃，想要掃起來輕鬆一點，所以盡量在每個角落擺支隨手黏、除塵撢或是小掃把，只要一發現髒污，就立刻清理。走動時也順手掃一下，這樣污垢就不會囤積，心情上也會輕鬆許多。」

從玄關到洗手間的途中有個衣櫃與更衣室。回家後我都是在這裡更衣，把要洗的衣服丟到籃子裡再把手錶放在牆面小架子上的盒子裡。

地板與地墊
都用Roomba打掃

與貓咪生活前我不太會打掃，所以特地把家裡改造成容易打掃的環境，外出前按下Roomba的電源就可以了。

中島式廚房的後方，是與工作有關的收納櫃。文件紙箱底部貼了一層毛氈保護墊以便滑動。放貓飼料的木箱裝上腳輪方便取出。羊毛撢子則是直接掛在牆上。

物質不虞匱乏的時代 更需要掌握必要性

整理收納的訣竅，在於①想清自己是否真的需要這個東西、②決定東西的擺放地點、③先假設丟棄時的狀況再來決定要不要買。只要想到丟掉還要耗費一番心力，生活就會越來越簡單。

「或者試著捫心自問：這樣『東西』現在對自己來說真的派得上用場嗎？畢竟東西要用才會有價值。所以我會希望擁有被常用之物環繞、不需煩惱收納的生活。」

窗邊設計一個可以稍微靠著坐的小高台，並且利用這個寬度在上面做一條貓走道。只要穿過貓隧道，就可直達客廳。

貓咪也能夠舒心度日

客廳的其中一面採用落地窗，外面是寬闊的陽台，而且這裡有一個可以靠坐的小高台，上方設有寬度足以讓貓咪睡覺的貓走道。

伊藤小姐的
養貓原則

1

打掃工具擺在
房間的各個角落

櫃子上方也是貓咪休息的地方，因此旁邊的籐籃裡，放了無印良品可伸縮的微纖毛除塵撢與隨手黏，以便隨時清掃貓毛。

2

大小一組的手作貓飯桌

組成ㄈ字型的木桌裡，收納的是小一號的桌子。當家裡的兩隻貓要並排吃飯時，就可以拉出來變成一張長桌了。底下還藏了一包濕紙巾呢！

3

動線順暢的中島式廚房

中島式廚房因為人們常常在周圍走動，所以灰塵與貓毛不太容易囤積。另外，廚房的流理台上也都盡量不擺東西，好讓貓咪可以跳上來。

4

高台底部也是貓咪躲藏的地方

小高台底部也有可以讓貓咪躲藏的地方。因為家具與東西不多，能保留這樣的隱蔽處貓咪也十分開心。至於牠們吃飯的地方，就在廚房旁邊的地板上。

請教受訪者！

專門為貓咪準備的殺菌・除臭・清潔用品

貓碗清洗、貓砂盆除臭，
以及貓咪嘔吐後要殺菌時，
最好使用可以「殺菌、除臭、清潔」的用品。
話雖如此，有時我們卻苦於
不知如何挑選，
所以接下來要介紹本書的受訪者
以及雜誌《貓日和》的讀者
所推薦的熱門產品。
至於適不適合家中的貓咪、好不好用，
就請大家自己判斷囉～

以水為原料的去污劑 鹼性電解水清潔劑

洗淨
殺菌
去除污垢

The Magic Water

原料為水。採用專利技術讓水經過電解變成鹼性電解水，可用來去除污垢。噴灑後靜置30～60秒，擦拭一下即可殺菌。

THE
http://the-web.co.jp/products/the-magic-water/

雖然含氯，卻能安心使用的次氯酸水

殺菌
除臭
抗病毒

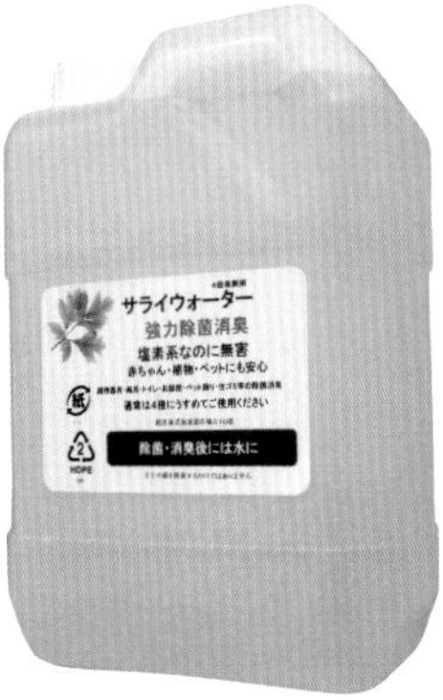

Sarai Water

次氯酸水的功效是次氯酸鈉的80倍。就算稀釋4倍，殺菌除臭的效果依舊可達20倍。能去除酒精無法消滅的病菌，除臭效果佳。

Sarai
https://www.sarai.jp/saraiwater.html

與貓咪生活時不可或缺的殺菌・除臭系列噴劑

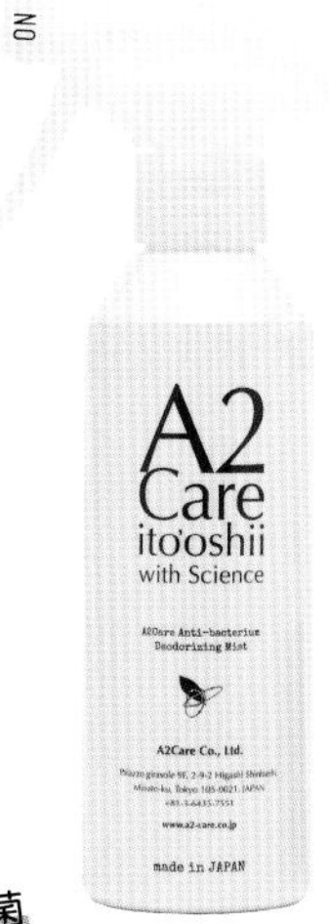

殺菌
除臭

A2Care

MA-T（純水99.99%，二氧化氯0.01%）的成分能夠發揮殺菌、除臭的威力。無色無味，不會引起貓咪排斥。

A2 Care總經銷代理・全日空商事
https://www.a2care-anatc.com/

殺菌
抗菌
除臭
抗病毒

詹姆斯・馬丁消毒酒精噴霧 James Martin Fresh Sanitizer

經過實驗證明，能夠有效去除病毒，且能避免細菌性食品中毒的清潔劑。可直接噴灑在烹調用品上，不需沖洗。除了真皮製品以外，可以為家中所有用品殺菌、除臭。

First Collection
https://www.jamesmartin.jp/sn/

殺菌
除臭
抗病毒

BioWill CLEAR

除菌效果等同於動物醫院使用的BioWill®，只要5秒就能抑制病毒99%的活性。無刺激性，寵物舔到也不用擔心。

Good Will
http://www.good-will.co.jp/biowill_c.html

殺菌
抗菌
防臭
抗病毒

Pasteuriser 77 抗菌噴霧

以高純度的「兒茶素」為配方。純水製造，長時間抑制細菌繁殖。可直接噴灑在食物上，是日本厚生勞働省認可的食品添加物。

杜瓦酒造
http://www.dover.co.jp/

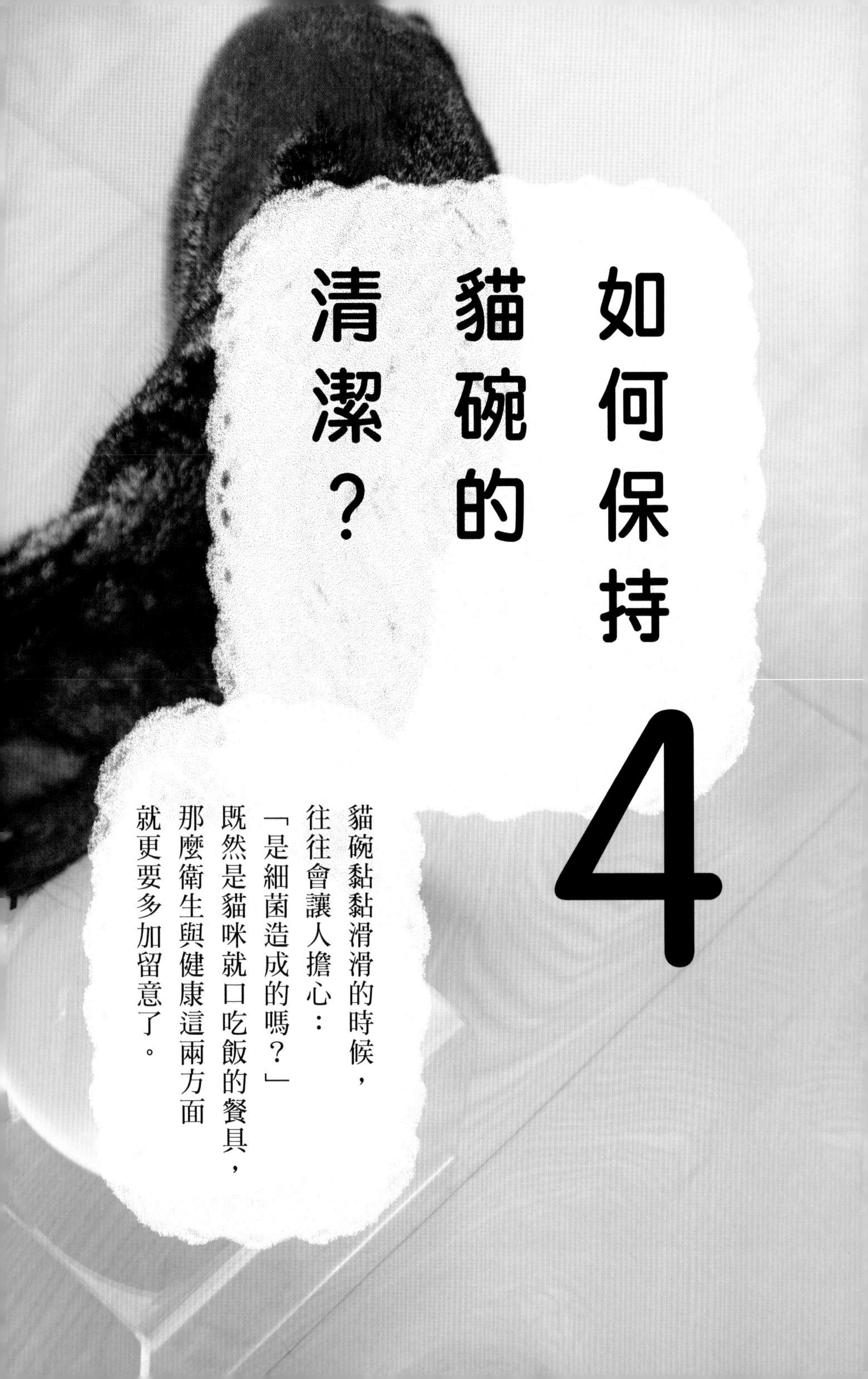

4 如何保持貓碗的清潔？

貓碗黏黏滑滑的時候，
往往會讓人擔心：
「是細菌造成的嗎？」
既然是貓咪就口吃飯的餐具，
那麼衛生與健康這兩方面
就更要多加留意了。

XYZAB

Yano家都是這麼做！

貓碗清潔

實用巧思

不要採用任食制，

為了貓咪好要勤洗碗！

巧思 1

貓咪的飯放在有高度的架子上。貓碗最好選擇陶瓷材質

Yano家有一隻愛啃貓碗的貪吃貓，用塑膠碗的話容易破損，所以才會使用陶瓷餐具。水碗的話貓咪不會去啃，選用美耐皿材質即可。之後再用無印良品的壓克力隔板騰出高度，這樣灰塵就不會跑進去了。

用塑膠碗會有刮痕，有時還會染上飼料的顏色使碗泛黃。如果能用陶瓷餐具不僅容易清洗，安全上更是無虞，但可惜這種材質容易摔破，讓CP值稍微降低。挑選貓碗要選口徑寬、較淺一點的產品，貓咪才比較容易進食。

巧思 2

貓碗每次飯後先清洗，再噴灑除菌專用酒精

貓碗之所以黏滑，是貓咪口中的細菌所造成。只要養分、水分與溫度都到位，細菌就會開始繁殖，而貓碗正好備齊了這3個條件，所以每次飯後一定要清洗。

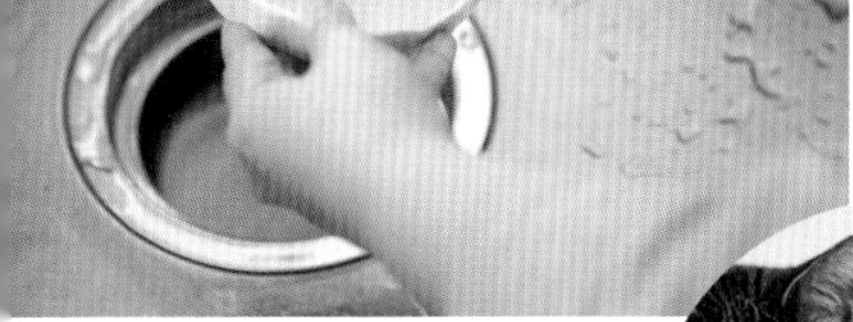

貓咪吃飯時會舔碗，碗上有細菌是在所難免的。每次吃完飯之後，都要先用清水清洗，再噴灑抗菌酒精！

巧思3

碗公加托盤 變身大容量水碗

我們家有4隻貓，所以會想擺幾個容量大一點的水碗。試過之後發現，沉重又穩固的碗公很適合拿來當水碗，裝的水量也夠多，讓貓咪喝起水來更順口。

用來當水碗的碗公有7.5cm高，不容易跑進灰塵，且碗口直徑有18cm，鬍子也不太會碰觸到。光滑的表面非常容易沖洗，整理起來也很方便。

優麗坦（urethane）可預防發霉

貓咪喝水時，舌頭是貼放在碗緣上舔水，所以往往會濺出不少水來……。購買時最好選擇表面塗上一層優麗坦的托盤，以免受潮發霉。

塗裝托盤可以防止餐具滑動

托盤塗上優麗坦還可以預防餐具滑動，貓咪喝水時碗就不會移動了。只要尺寸剛好，人所使用的產品也可以拿來給貓咪使用。

巧思 4

人與貓的洗碗海綿要分開

這次採訪時，我們也問到：「用來清洗貓碗的海綿需要與人用的海綿分開嗎？」雖然兩種答案都有，不過獸醫建議我們：「最好還是分開使用！」

海綿架也要分開

Yano家在清洗貓碗時，並不使用洗碗精，洗貓碗的海綿也不會用洗碗精清洗。然而人使用的海綿則會用到洗碗精，所以海綿架也會分開使用。

人用的海綿

使用的是無印良品的海綿與中性洗碗精。

貓用的海綿

使用的是大創的海綿。兩種海綿形狀不同，以免搞混。

巧思 5

貓飼料保存時要避開濕氣與陽光直射

食物保存時要特別留意避免濕氣與陽光直射。盡量選擇已經分裝成小袋的飼料，倒入無印良品的冷藏專用米盒中，並置於陰涼處。每次只倒一小袋，以保持新鮮酥脆的口感。

貓飼料裡含有油脂，必須置於廚房收納櫃等溫度變化不大、濕度較低的陰暗處保存，以免飼料氧化或受潮。而且這麼做的話，貓咪也無法打開飼料。

雖然這個容器可以裝2袋飼料，但是為了保持新鮮，還是盡量只裝1袋。

倒入容器中的飼料頂多1袋，以防氧化。

飼料吃完時要清洗容器，在晾乾的這段期間只要將新開封的飼料倒入備用的容器中即可，之後也是如法炮製。

巧思 6

準備2個保存貓飼料的冷藏用米盒

Yano家的4隻貓吃的都是同一種乾飼料，因此盛裝的容器只要一個就夠。不過清洗之後必須整個晾乾，最好還是多準備一個，以便替換。

飼料的油脂
會附著在容器上，
所以要常常清洗！

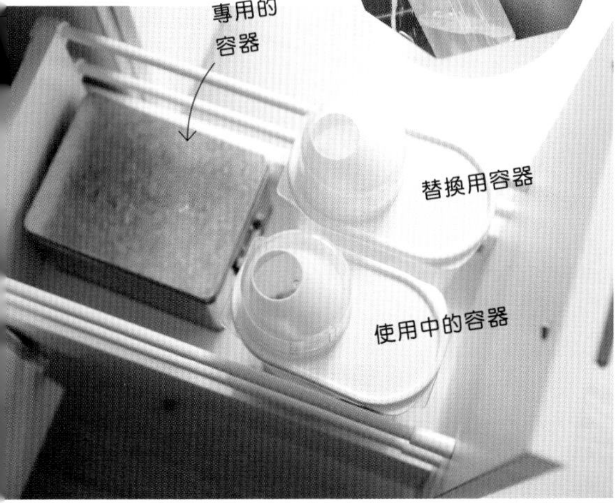
濕飼料

連同替換的容器收在廚房底下的櫃子裡

容器沒有整個晾乾就倒入飼料的話，不僅會受潮，還會發霉，因此Yano家準備了兩個容器。至於濕飼料就收在鐵罐中。

讓貓咪開心舒適的家

4

天色Nagisa 小姐

打造一個貓咪不會搗蛋的廚房

凱莉

1隻貓＋3個人（夫妻＋孩子）

Amairo Nagisa◎養了14年的狗過世而感到寂寞時，在當初把狗帶回家的店裡遇到現在養的這隻貓，凱莉。天色小姐心中非常感激離世狗狗所帶來的良緣。

Instagram　@yuutenji

https://yuutenji-112.amebaownd.com/

MAY

讓喜歡廚房的貓咪可以自由進出

身為風水心理顧問的天色小姐，住的是屋齡30年、兩代同堂的房子。2年前開始動手慢慢裝潢。

「連我自己也常在說，貓咪是掃除之神。我們家的貓咪凱莉小姐非常喜歡待在廚房裡，而且還特別喜歡在水槽中打滾。不僅如此，牠也很愛舔瓦斯爐上的油漬，所以那些會被牠拿來玩的東西我都會收得好好的，絕對不會放在外面。」

家裡重新裝潢時，選擇的主題是紐約風的廚房，採用的收納方法是「隱藏」式，所以洗碗的海綿也都會盡量收在水槽底下，貫徹「隱藏」這個原則。正因如此，家裡的廚房才會變成一個可以讓貓咪安心進出的空間。

就算貓咪跳上去也不危險

食物保存罐

貓咪的乾乾裝在「乾糧分配機」裡保存。每次轉出的分量都相同，方便又實用。

除菌噴劑

最常用的是鹼性電解水「Clean Shu! Shu!」（左）與除菌專用的酒精製劑「詹姆斯・馬丁消毒酒精噴霧」（右）。

為了方便貓咪跳到最喜歡的水槽裡，索性周圍都不擺放會造成危險的用品，並且會將污垢擦拭乾淨，就算貓咪去舔也沒關係。多虧貓咪，讓天色小姐更懂得怎麼打掃了。

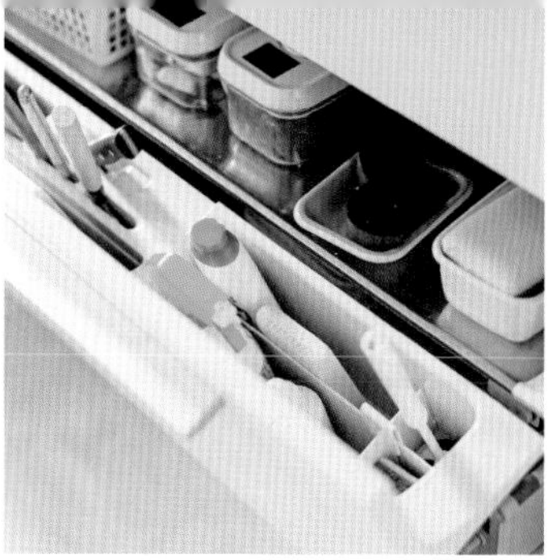

洗碗海綿收在可以開闔的層架裡

家裡的貓咪喜歡在水槽裡打滾，而且還會把海綿叼到別的地方去，所以才會收在水槽底下的層架裡。

不讓貓咪舔瓦斯爐上的油漬

愛待在廚房裡的貓咪，有時候會跑去舔瓦斯爐上的油漬，因此天色小姐養成了每次煮完飯都順手把油垢擦乾淨的習慣。可見貓咪真的是掃除之神。

洗碗前先用噴劑除菌

貓碗先噴上一層除菌專用酒精，之後再用海綿沖水刷洗，這樣黏滑的貓碗兩三下就能夠清潔溜溜了。

附蓋的垃圾桶藏在拉門後

廚房裡的垃圾桶一定要上蓋，避免貓咪來搗蛋。不僅如此，垃圾桶還要整個收在有腳輪的拉門後面，免得貓咪推動。

被貓咪玩弄的家人個個笑開懷

貓跳台、貓走道、直立式百葉窗以及收納櫃全都統一採用白色，所有物品盡量收起來，也不讓貓咪有縫隙可以鑽進去，就連垃圾桶的蓋子也是選擇貓咪打不開的款式。

「與貓咪一起生活的契機，來自於疼愛了14年的狗狗過世之後所帶來的寂寞。原本打算收編常來院子玩的流浪貓，但不太順利，到了當初與狗狗相識的那家寵物店，就遇到了凱莉……。這是當初那隻狗兒所帶來的緣分。」

試著與貓咪生活，卻發現牠比狗還要霸道任性，老是到處亂走，不然就是把東西推倒、把裝滿水的玻璃瓶打破，整個空間都是牠搗蛋的範圍……，不過家人也因此常常笑容滿面。

家中到處都有貓咪安身之處

有了即時攝影機
外出也不用擔心

家裡裝了兩台一有動靜就會傳送影像的即時攝影機。即使人不在家裡，照樣可以確認貓咪的安全，就算旅行在外過夜也不用擔心。

套上沙發套，以免沙發沾上貓毛

重新裝潢以前，家裡的沙發就習慣整個套上一層沙發套，因為可以丟進洗衣機裡清洗，就算沾上貓毛也不會太在意。也因為這個沙發套，貓咪還多了沙發底下這個躲藏的空間。

客廳與飯廳的邊界處架設了一座貓跳台，同時也善用凸窗的寬度，騰出一條位於上方的貓走道，讓貓咪可以高高在上地來去自如，途中還設置了一個貓咪休息站呢！

大小剛好適合當作
貓廁所的收納空間

剛好可以用來收納貓砂盆的櫃子是訂做的，正上方的抽屜盒可以用來收納掃除用品。旁邊是櫥櫃式分類垃圾箱，方便隨時清理貓砂盆的垃圾，而且統一選用白色還可以大幅提升整潔感。

隱藏物品，統一顏色

天色小姐家是在做生意的，所以東西非常多。裝潢前原有的木頭餐具櫃報廢之後，取而代之的是將拉門安裝在牆壁上，而且與天花板同高的內嵌式收納櫃，是一個可以自由架設層板的可動式櫥櫃。

「想要讓家看起來簡潔俐落，層架內側的顏色就要統一。同時，收納箱上還要貼張寫著內容物的標籤，以便掌握物品擺放的位置。」

雖然討厭打掃，但是為了貓咪、為了自己，天色小姐想了不少可以輕鬆打掃的方法。

「清潔地毯時只處理髒掉的地方。掃地的話就用Duskin的吸塵清潔機。而掃好的垃圾與灰塵則用直立型吸塵器來清理，非常輕鬆。剩下的用隨手黏就可以了。」

追求輕鬆之下，也形成了簡單舒適的生活型態。

收納櫃架設在牆上看起來更加清爽

只要拉上門，看起來就像是一面牆的隱藏式收納櫃。沒有龐大家具，空間感覺格外俐落舒適。

貼上標籤，內容物一清二楚

隱藏收納的訣竅在於，用標籤寫出收納的物品。就算沒有一一拿出來確認，眼睛一瞄照樣能夠掌握物品的位置，也不會找不到地方收。

天色小姐的
養貓原則

1

可以一片一片拆下的地毯清掃起來非常方便

鋪在客廳的地毯可以一片一片分開拆下，要是貓咪嘔吐的話，只要將那一片拆下來用超電水去除污漬就可以了。殘留的髒污若是清不乾淨，也可以直接單片替換。

2

Duskin的吸塵清潔機

是一台可以清除拖把上累積的垃圾與灰塵、屬於直立型的吸塵清潔機。有了這台，打掃時貓毛就不會四處紛飛了。

3

百葉窗使用直立式無繩的款式

搖擺的窗簾會被貓咪玩得破爛，不然就是整塊窗簾布沾滿貓毛。之所以堅持使用木板材質的直立式無繩百葉窗，目的就是不讓貓咪有機會惡作劇。

4

拖地機器人Braava能夠有效清掃貓毛

派上用場的是拖地機器人Braava，可以用附屬的清潔墊或市售的除塵紙擦拭地板。不管是乾擦還是濕擦，都能將貓毛清掃乾淨，值得推薦給家裡養貓的人。

雜誌《貓日和》
讀者
創意對策
1

解決貓毛，有它就行！

關於貓毛問題，最希望的就是能夠輕鬆打掃乾淨。

我們請教了雜誌《貓日和》的讀者，看看他們是如何打掃家裡的。

強力清潔滾輪 by paucorin

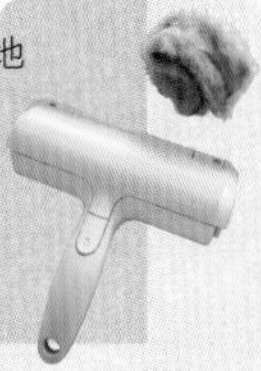

我們家的貓毛是用強力清潔滾輪來清掃，凡是沾在地毯、地墊還有棉被上的貓毛統統都能處理。即使先用吸塵器吸，之後再用滾輪滾過一次，清下來的貓毛還是會多到嚇死人！而且用強力清潔滾輪還比隨手黏環保又輕鬆喔！

Nippon Seal　https://www.nipponseal.co.jp/

一毛打盡 by riepon

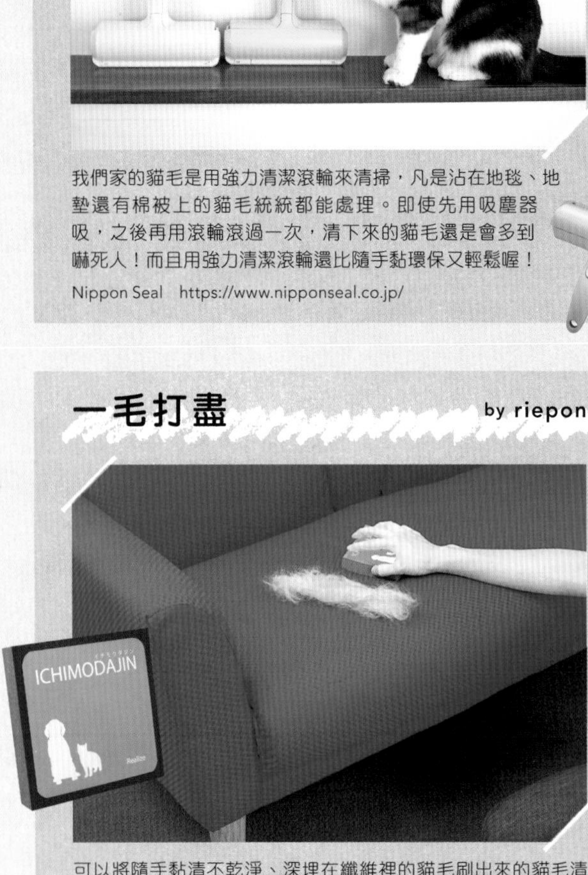

可以將隨手黏清不乾淨、深埋在纖維裡的貓毛刷出來的貓毛清掃工具。刷出來的貓毛超乎想像地多，讓人越刷越起勁。加上大小適中，可以一手掌握，用來清掃貓跳台恰到好處。

Realize　http://www.realize-idea.com/ichimodajin.html

Braava

by wakaponsan

擦拭地板時，使用的是Braava這款掃地機器人。先用它乾擦地板，之後再用水擦過一次。雖然家裡還有一台Roomba，但是打掃時發出的聲音太大，往往讓貓咪嚇得四處竄逃，所以啟動的次數並不多。Braava的聲音比較小，較不會對貓咪造成負擔，因此經常使用。

太厲害了！

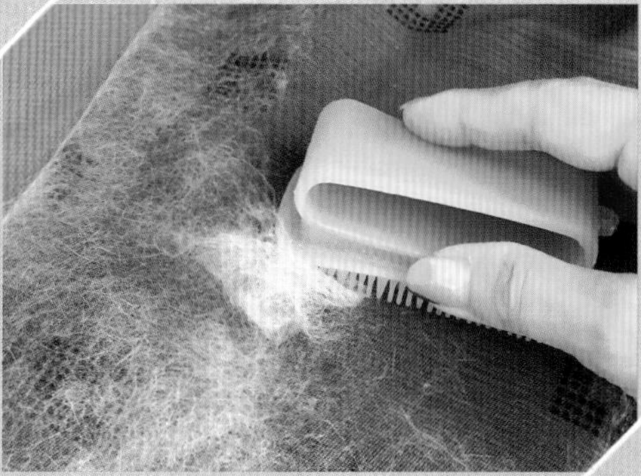

橡膠梳

by gurebaru

貓咪經過窗簾時，身上的毛都會黏在邊緣上，讓人誤以為窗簾「起毛球」。這是貓咪專用的橡膠梳，只要輕輕一刷，貓毛就會隨之而起，不僅可以輕鬆清理紙抓板上的毛，清理地毯也不成問題。刷掃時不傷材質，能將所有貓毛清得乾乾淨淨，讓人打掃起來更輕鬆。

Best Toresser 除毛刷

（ETIQUETTE®BRUSH）

by MAYU

家裡養的是長毛貓，所以衣服與地墊往往會沾上大量細長柔軟的貓毛。可是這些貓毛用隨手黏是清不乾淨的，因此我們家用的是尺寸比較大的除毛刷「Best Toresser」，只要輕輕一刷，貓毛就會聚集在一起，一掃而光。更方便的是，只要打開後蓋，就能將囤積在裡頭的貓毛清除乾淨了。

Nippon Seal　https://www.nipponseal.co.jp/

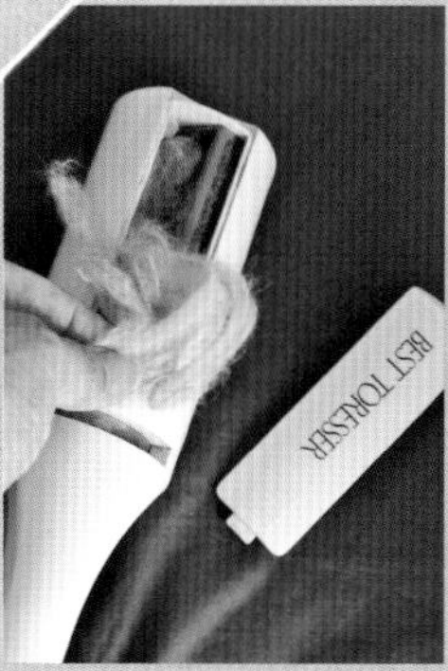

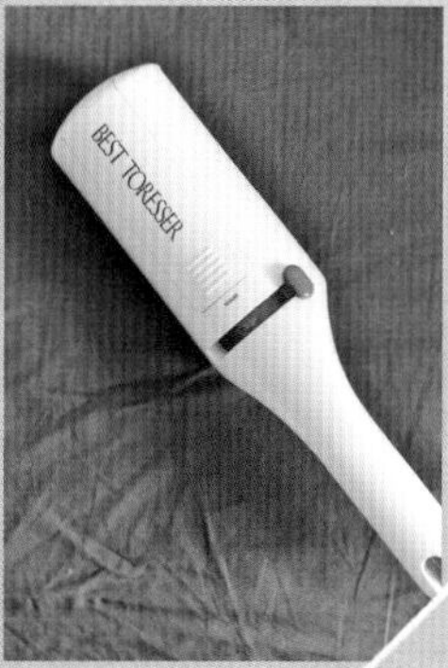

雜誌《貓日和》

讀者
創意對策
2

貓砂盆、地板等區域這樣清潔就OK！

除了前面提到的便利小物之外，也有一些讀者是活用身邊隨手可得的物品。貓砂盆、地板、貓毛等，還有其他清掃對策！

環境整潔
我也會開心

塑膠手套 by komugi__life

清貓砂盆時用的不是貓砂鏟而是塑膠手套。能夠將凝結成塊的貓砂整個挖起來。

桌上套刷 by komugi__life

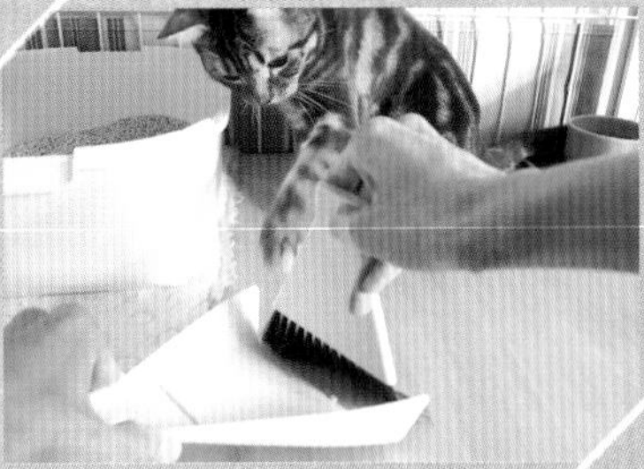

沒有髒到需要出動吸塵器時，用桌上套刷會比較方便。打掃縫隙也能派上用場。

巧拼地毯 by wakaponsan

可以拆下水洗或購買幾片替換的巧拼地毯價格相當划算，值得推薦。

報紙 by 小喵

貓砂盆清出來的排泄物先裝袋密封，之後再包上一層報紙就可以除臭了。

橡膠手套 by 加藤佳子

貓跳台與冬用貓床上的貓毛，用橡膠手套超好清理！

軟木墊 by masabanoyosiusa

貓房整個鋪上一層軟木墊。柔軟的質地非但不會傷害肉球，污漬也是一清就掉，部分替換更是簡單。軟木墊不易產生異味，跳蚤與黴菌也不容易孳生，而且還可以保護地板。

BOS除臭袋 by 滿月

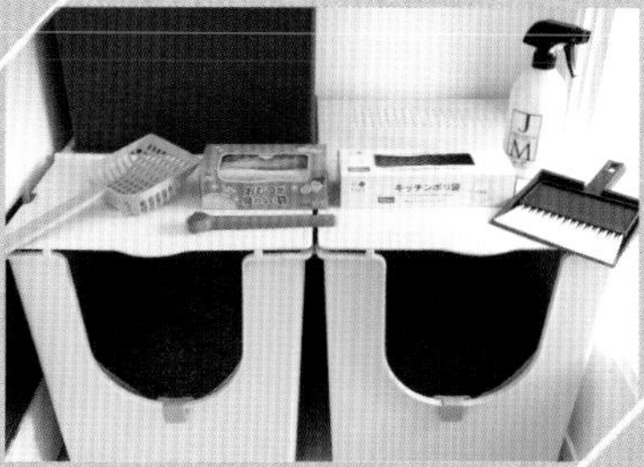

挖出來的尿塊裝入塑膠袋，綁好後再套上BOS除臭袋。如此一來便能杜絕臭味。

浴室專用魔術靈 by jenu

貓砂盆要整個清洗時，可以在浴室裡用浴室專用魔術靈。這麼做還可以順便打掃浴室。

羊毛撢子 by 滿月

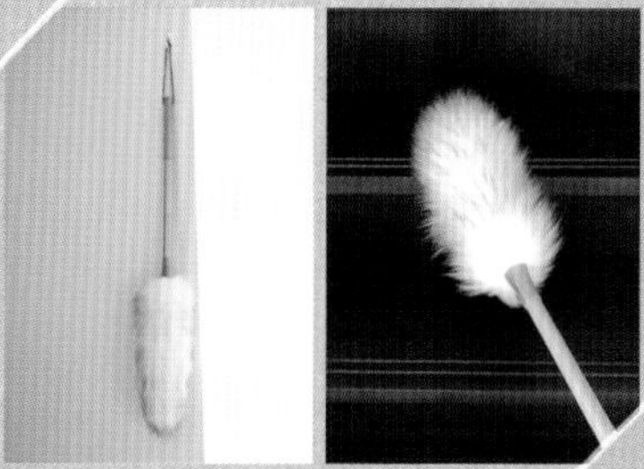

樓梯上如果有貓毛囤積往往會非常醒目，所以旁邊會掛上一支羊毛撢子，隨時清掃。

人工皮革 by 滿月

沙發挑選的是人工皮革材質。有貓毛的話用Dyson吸乾淨就可以了，還不怕貓咪抓壞！

Dyson的 簡易吸塵器 by 滿月

貓咪會跟我一起睡，所以我都用Dyson的Mattress系列手持吸塵器清理貓毛。

FURminator 去毛梳 by 滿月

梳子上面有刀刃，能夠刷淨細長柔軟的貓毛。

5

整齊清潔、貓咪也開心的整理與收納

放眼望去，房間如果整理得乾淨俐落，就會覺得打掃起來應該也會很輕鬆。讓我們來打造一個方便好用、不易囤積貓毛的收納空間吧！

Yano家都是這麼做！

整理收納
實用巧思

不讓貓咪有機會搗蛋！
不然就是加上蓋子！

巧思 1

貓咪用品 收在使用的場所附近

打掃用品放在隨手可取的地方，是避免自己懶得打掃的一大原則。Yano家1樓的貓廁所在玄關附近，所以相關打掃用品就乾脆收納在鞋櫃裡。

貓廁所附近並沒有收納櫃，所以這個地方的打掃用品就收在距離最近的鞋櫃角落。只要擺在附近，就心情上來講也會非常輕鬆。

巧思 2

收納時8分隱藏、2分露出

因為喜歡布置家裡，覺得東西要是全都藏起來，房間豈不是變得索然無味？帶著想稍微裝飾一下這個家的心情，確立了「8分隱藏、2分露出」的收納方式。

均衡地收納，「只露出2分」的層架。除了色調的統一之外，書背高度若能整齊一致的話，看起來會更簡潔俐落。至於生活雜貨，就藏在黑色紙箱中。

無印良品的硬質紙箱

巧思 3

貓玩具與文具等瑣碎用品採用隱密收納法

在電腦前工作的時候，貓咪跑來橫躺在桌上根本就是家常便飯。為了避免東西被牠們甩尾打翻或是沾滿貓毛，所以撤掉了筆筒，桌面也都盡量淨空，不擺放多餘的東西。

貓玩具收在抽屜裡，用分隔收納盒分類收納

貓咪的玩具以前都是隨便丟在看得見裡面的籃子裡，但是早上起床時卻會發現裡頭的東西都被拉出來玩，所以才會決定藏在抽屜裡。

筆與刀片等收在無印良品的MDF3層小物收納盒裡，這樣貓咪就看不到了。另外，文具的數量也都盡量控制在最低限度。

筆筒會被貓咪推倒，改收在抽屜裡

巧思 4

清潔用品置於有蓋容器中，以防貓咪惡作劇

擺放在洗衣機上的洗衣精往往會被貓咪橫掃落地，索性全部收在有蓋子的桶子裡。

貓咪非常喜歡跳到桶子裡，在這種情況下，蓋子就顯得非常重要。

蓋子可以另外購買的PE收納桶

我家的貓咪不會打開蓋子，但如果是調皮的貓孩子，最好選擇可以扣住的桶蓋。

統一放在洗臉台下

使用的是來自法國、通過食品級檢驗的PE收納桶stacksto，尺寸為L（40L）。

5

瑞穗Maki 小姐

用心收納，讓貓咪也過得舒適開懷

豆豆

1隻貓+4個人（夫妻+小孩）

Mizuho Maki◎從小就與貓一起生活，孩子上了高中之後，心中又再次萌生養貓的念頭，於是開始與阿比西尼亞貓「豆豆」一起生活。豆豆是7歲的小男生，個性等同國小3年級的小朋友。

Instagram　@mizuhomaki
https://ameblo.jp/mamerurutoto/

能讓貓咪四處溜達的家 通風也會變得更好

瑞穗Maki小姐是位生活規劃師，會根據人的生活習慣來布置房間，並且提供收納建議。原本一直生活在透天厝的她，為了配合現在的生活而搬到公寓，並且全面裝修。當時考量到的，就是「貓的動線」。

「製作一條可以讓貓咪四處走動的動線代表通風會變得更好。當然，人的動線會變得順暢，空氣也會更加流通。這樣就能夠營造出一個氣氛良好的家。」

不管是玄關、客飯廳、洗手間還是臥室，貓咪都可以隨處亂逛，自由走動。瑞穗小姐最愛的包包與衣服都收在臥室的衣櫃裡，並且以灰色與白色為基調，打造了一個氣氛高雅的房間。

收納時 物品要 適得其所

在走廊上架設書架 收納全家人的書

走廊上的那面牆用來架設層架，做出一個讓全家人共用的書櫃。是一個像是可以讓人借書的圖書館空間。

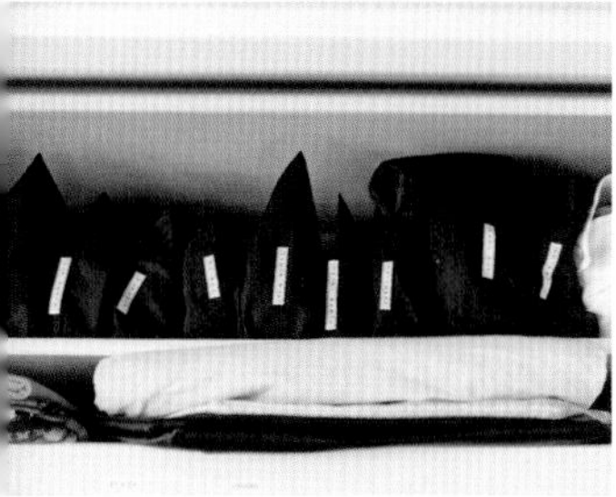

包包收在布袋裡 貼上標籤、標示內容

瑞穗小姐喜愛包包，而且都會裝在布袋裡，一一排在衣櫥的最上層，同時還會貼上標籤，這樣一看到外袋就知道裡面是什麼了。放高一點也可以防止貓毛囤積。

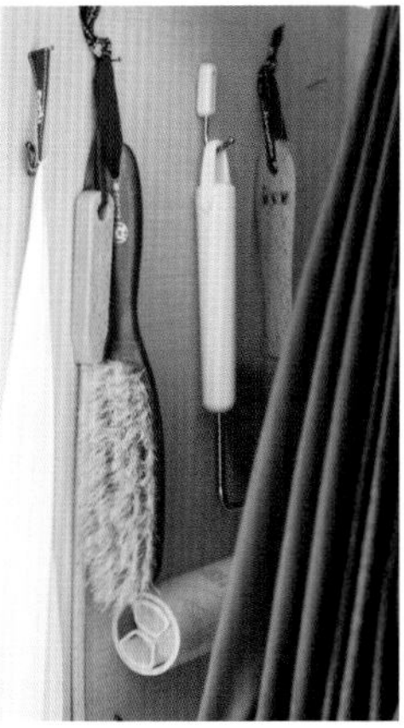

衣物整理工具 就放在旁邊

從左依序是更衣用頭套、羊毛專用除塵刷、隨手黏與去毛球刷。這些統統擺在隨手可取的地方。

衣櫥裡擺一台 空氣清淨器

脫下的衣服通常會比想像的還要潮濕，所以衣櫥裡擺了一台具有自動除菌離子技術的空氣清淨器，同時也盡量讓衣櫥通風。

臥室的一面牆拿來架設衣櫥。打開折疊門，收納在裡面的衣服、包包與披肩就能隨手取出。這個地方也是盡量不讓貓咪進去。

不同場所
選擇不同的打掃工具

客廳窗戶上方的間接照明拆下後，留下的孔洞改裝成貓走道，豆豆就能悠然地漫步在客廳了。

「打掃客廳的時候我主要都是用Dyson的吸塵器，這樣地墊與抱枕上的貓毛就能夠輕輕鬆鬆地吸除乾淨了。至於臥室、洗手間與走廊則是用掃地機器人，掃過一圈之後再用手持吸塵器或是隨手黏清掃角落。也就是說，每個地方都要慎選容易清理的打掃工具，這就是清掃的重點。」

布置一個舒適的家，訣竅在於①決定待在這個房間的生活方式，②了解自己喜歡什麼，③排除不喜歡的東西。而這些訣竅的重點在於「經過思考的整理方式」，並且「選擇一個適合自己品味的色彩來裝潢布置」。

分別使用適合不同空間的吸塵器

手持吸塵器隨手清縫隙

文件櫃與書櫃上方等，物品的縫隙用kobold的VORWERK。這款充電式手持吸塵器輕便好拿，只要一發現灰塵，就能夠隨手拿起，一掃而過。

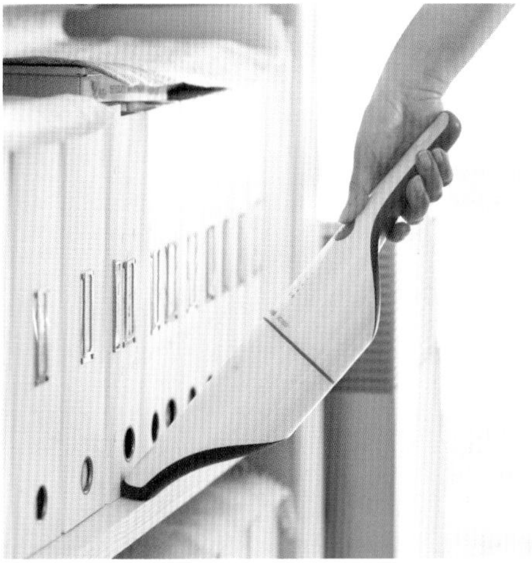

臥室與走廊用掃地機器人

日立的minimaru吸塵機器人用來打掃臥室。只要事先打開臥室門，就能夠一路掃到走廊了。體積小巧，轉彎也不會四處碰壁。

玄關、客廳、廚房地板等範圍較大的地方用Dyson的吸塵器來打掃，這樣就可以把貓毛吸除乾淨，相當實用。

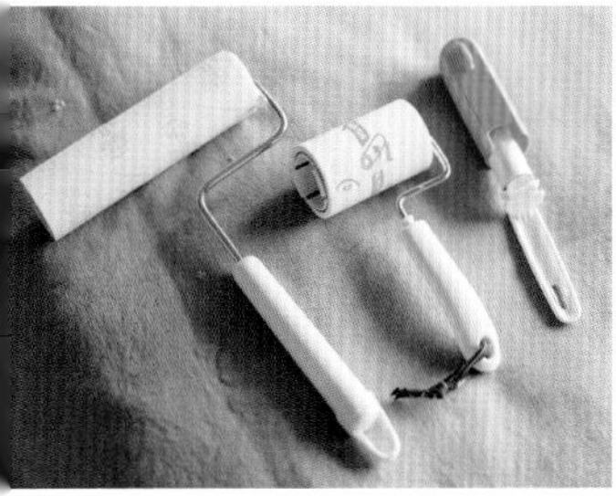

也要準備小巧的打掃工具

家裡光是隨手黏就準備了3種尺寸。用具的大小配合不同區域，要用的時候順手一拿，打掃起來會更輕鬆。

將Dyson的握柄縮短，清理抱枕

貓咪愛躺的抱枕往往會沾上貓毛，這個時候出動握柄縮短的Dyson就可以了。如此一來，沙發上的貓毛就可以輕鬆清除乾淨了。

促進屋內空氣流動，貓咪是生活的好伴侶

「我希望客廳是一個大夥兒能聚在一起、悠哉放鬆的地方，所以減少使用色彩，盡量打造一個愜意舒心的空間。不僅如此，露台的氣氛也是非常自由開放，而且還擺了一張寬敞舒適的餐桌。因為已經料想到貓咪可能會在椅子上磨爪，所以選擇的是可以替換的紙繩椅面。」

廚房的檯面上不擺多餘的東西，全都收到後面的儲藏室裡。貓碗選擇的是琺瑯鍋與柳宗理的不鏽鋼碗，統一營造出典雅的氣息。捨棄陶瓷碗，改用經過霧面處理的不鏽鋼碗，貓碗就不會變得黏黏滑滑的了。貓咪用品像是電解水等也是改裝在喜歡的瓶子裡，而且礙眼的東西一律不擺，慢慢換成喜歡的、看了賞心悅目的物品。

貓咪吃飯的地方隨時保持清潔

裝到密封罐裡

家裡的乾飼料混合了3種，以免貓咪吃膩。倒入密封罐中，放塊珪藻土乾燥塊「soil」，貼上標籤保存即可。

琺瑯材質的水碗與不鏽鋼碗

琺瑯材質的單手鍋拿來當作水碗。底下墊了一層水飛濺在上面也無妨、古董風格的托盤。至於飯碗則是經過霧面處理的不鏽鋼碗。

人類生活的環境與空間，無形之中所造成的影響往往深遠無比。機能性如何？氛圍又是如何？是否賞心悅目？感受是否沉穩？這些地方瑞穗小姐每天都會確認，慢慢調整，所以布置房間這件事，是會一直持續下去的。

「貓咪喜歡躲在狹窄的地方，往往會鑽進房間角落或者是縫隙裡，只要換個角度想，貓咪會鑽進去的地方就是要打掃的地方。風水上也常說『角落容易滯留氣流』，所以我們家的房間角落都盡量空出來不堆放物品。幸好有貓，我才會這麼勤奮打掃，可見貓咪可以促使房間的空氣流動，讓整個空間更加舒適，實在是太厲害了！」

廚房後方是儲藏室。看得見的地方放的都是賞心悅目的東西，冰箱後面放的則是不想讓人看見的物品。吸塵器收在可開闔的垃圾桶旁，好拿而且不醒目。

貓跳台只需要簡單擦拭

可能是開口面積不大的關係，貓走道幾乎不會囤積灰塵。打掃的時候，是使用超細纖維抹布來擦拭貓跳台上方。

無論貓或人都希望能舒適生活

地面保持寬敞、打掃起來更輕鬆的客廳。整齊清潔，連貓咪也覺得舒適愜意。

瑞穗小姐的
養貓原則

1

人與貓的廁所歸在同一區，隨時保持清潔

將貓砂盆設置在廁所洗臉台的下方。下方的收納櫃使用開闔式的門板，可以完全隱藏起來，即使客人來訪也不會注意到這裡有個貓廁所。

2

打造專用隧道，將貓廁所藏起來

牆面打通一個貓隧道，貓咪就可以直接從走廊直達廁所了。這個小巧的封閉空間不僅可讓貓咪卸下心防，還能使環境常保清潔，不會凌亂不堪、臭氣沖天。

3

對環境友善的家用淨化液

BIO-R添加改良土壤用的R菌（天然複合益菌），用來除臭淨化再適合不過。

4

貓咪會磨爪的椅子換成可以替換的椅面

雖然客廳已經有放貓抓板，但貓咪還是很喜歡抓餐椅後方的邊緣。已經料想到這種情況的發生，所以挑選了可以替換椅面的椅子，這樣就不怕貓咪抓了。

5

選擇喜歡的清潔&除臭劑

日本品牌綠魔女是有益環境的清潔劑，能增進微生物的分解力，一併清潔排水管。下方照片是La Chaton除臭噴劑，是不會對寵物造成傷害的酸性離子水。

6

與孩子相處融洽的人貓關係

我們請教了當孩子出生時家裡就已經養貓的家庭，打掃時需要注意的地方以及貓咪與孩子之間的關係。

讓貓咪開心舒適的家

6

鈴木賢一先生

貓咪會幫忙照顧孩子

1隻貓＋3個人（夫妻＋孩子）

Suzuki Kenichi◎麥羅是賢一先生從婚前就已經養的貓。長子晴太（Haruta）現在3歲。所以麥羅從晴太出生的時候就陪伴在他身旁了。

Instagram　@wise01
https://www.instagram.com/wise01/

貓咪陪伴的日子有益無害

貓咪「麥羅」是賢一先生在結婚之前就生活在一起的家人，結婚、生子這些人生大事，牠都一直陪伴在旁，從不缺席。因為興趣而拍下的照片，自然而然地成為了「麥羅與晴太的成長記錄」。

晴太與麥羅是自然而然地生活在一起的，所以打掃這方面並沒有那麼神經質，對晴太也是告訴他「要溫柔地幫麥羅梳毛，還要每天

以餵飯股長的身分
靜靜在旁看守

兩歲時負責餵貓吃飯的晴太。這看守的距離也太近了吧？

可以吃魚喔～
分你一些

知道貓咪愛吃柴魚片的晴太，從小就有一顆體貼的心，知道要分麥羅一口。

以前麥羅午睡時常用的籃子，現在晴太窩在裡面剛剛好。明亮的窗邊也成了兩人曬太陽的地方。

餵牠吃飯」，所以他就這樣成了梳毛與餵飯股長了。其實在晴太還沒出生之前，旁人都在擔心「寶寶會不會因為貓毛而氣喘？」、「會不會被貓咬？」，但是一起生活之後會發現，家裡有貓咪在其實是有益無害。

「貓廁所都是我在打掃的，但畢竟我們是生活在一起的家人，不會覺得這些是麻煩事。」

清掃貓毛時用的是Dyson的吸塵器，而且用這台就能把家裡整個清掃乾淨。至於用來清洗貓碗與布料的清潔劑則是與人共用，除了除菌消臭噴劑之外，其他方面一如往常，沒有什麼特別之處。

「兒子只要一睡著，麥羅就會躺在旁邊，彷彿在守護著他。」

可見麥羅是懂得如何照顧孩子的呢！

坐在爸爸的懷裡大喊：「最喜歡麥羅了！」

坐在爸爸懷裡的晴太也緊緊地抱住貓咪，大喊：「小晴也最喜歡麥羅了！」個性溫和的麥羅當然也是一樣。

麥羅身上的貓毛用隨手黏清理

讓晴太幫忙梳理貓毛。像是在陽台梳毛，或者在家裡直接用隨手黏清貓毛。

打掃乾淨的同時對貓毛也不拘小節

沙發上這兩個角落是晴太與麥羅的固定位置，兩個小傢伙玩累了之後，都會一起睡午覺。

鈴木先生的
養貓原則

1

在旁看晴太整理東西的麥羅

玩具玩完之後，要「好好收到抽屜裡」，所以麥羅在旁看著晴太整理玩具，儼然一副哥哥的模樣。

2

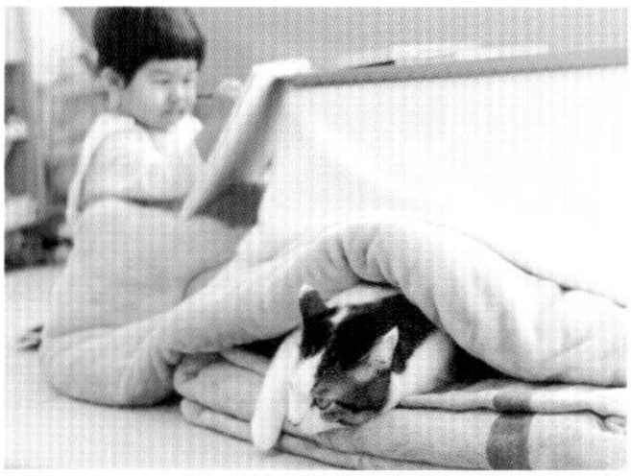

宛如兄弟般的感情，距離剛好的貓與孩子

晴太有時會盡情表現出對麥羅的愛，就連畫畫的時候，也會盡量待在麥羅的旁邊。兩人之間保持著一個恰到好處的距離，共同生活。

吃完早餐，用Dyson打掃地板

打掃地板時，最常用的是Dyson的V8。少了礙事的電線，清掃起來更機動輕巧，而且隨拿隨用。地板吸過之後，幾乎找不到一根貓毛。

布製小物上的貓毛用手提式吸塵器處理。嘔吐物則要殺菌除臭。

將Dyson的吸塵器改用手提的，另外再加裝簡易吸頭，這樣就能夠清理布製品了。貓咪若是嘔吐，可以洗的就盡量立刻清洗，不能馬上洗的東西就先擦乾淨，並且噴上殺菌除臭噴劑。

7

ao* 小姐

在貓咪與小狗環繞之下 可以培養體貼的心

餡蜜

Ice

Papiko

1隻貓＋2隻狗＋3個人（夫妻＋孩子）

家裡的貴賓狗Papiko（♀10歲）與Ice（♀8歲），是長子小年糕（小名）出生前就已經養的狗。餡蜜這隻虎斑貓（♀推測1歲）則是小年糕2歲的時候認養的貓咪。

Instagram @aoxdays
https://www.instagram.com/aoxdays/

6個月大的時候確定對狗過敏

ao*小姐在3歲的兒子小年糕出生之前，就已經養了Papiko與Ice這兩隻貴賓狗。當時原本只是到朋友家看看剛出生的貴賓狗，結果就這樣把Papiko抱回家養，Ice則是Papiko的獨生女。

至於餡蜜這隻虎斑貓，則是被人丟棄在公園的瓦楞紙箱裡，所以才帶回來一起生活，從此變成了家人。那時候小年糕2歲，可能因為

不會讓貓砂撒得到處都是的「隱密立桶式貓砂盆」

家裡用的是IRIS的隱密立桶式貓砂盆。貓砂每兩個禮拜就會全部換新，另外再搭配弱酸性的次氯酸噴劑來除臭。清掃刷洗時會先噴上一層檸檬酸噴劑。

清除貓毛超好用的「一毛打盡」

清掃床罩與貓跳台這些布製品上的貓毛時，最好用的工具就是這個。如果是像沙發這種非布製品的家具，就用隨手黏或吸塵器來打掃。

貓咪和兒子就像兄妹般感情融洽

小年糕從嬰兒時期開始，就與貓咪一起生活。就算貓咪對他調皮搗蛋、咬人撒嬌，也還是會照樣睡在一起。

彼此都還是小寶寶，情投意合，兩個小傢伙從小就玩在一起。

小年糕6個月大的時候，我們發現他會對狗過敏，而且指數高達5級。但當時我沒有打算要與愛犬分離，反而是和先生兩人討論對策。

雖然特地讓狗兒養成不要靠近小年糕這個習慣，而且狗狗們也知道「不可以接近小年糕」，但是小年糕還是很疼愛牠們。幸好長大之後小年糕慢慢可以摸牠們、抱牠們，就連醫生也說「這樣一起生活應該沒有問題」。

另一方面，貓咪餡蜜則是和小年糕好得不得了，而且還會相依入眠，彷彿親兄妹似地膩在一起。

孩子也會懂得體諒動物

因為小年糕會過敏，ao*小姐會盡量避免在家擺放容易沾上貓狗毛髮的抱枕等布製品。每天的打掃時間固定在早上，因為她曾經聽別人說，灰塵到了晚上會慢慢落定在地板上，所以一早打掃就成了她每天的功課。下班回家之後也會用吸塵器或隨手黏勤奮地清除貓狗掉落的毛。

「兒子真的很疼這3隻。早上上課前一定會跟牠們說再見，回家之後也會立刻去報到，一邊說著『好可愛啊～』，一邊摸摸抱抱牠們，或是面帶微笑，偷偷探望牠們。」

小年糕很自然地喜歡上動物。就算彼此沒有交談，也懂得透過觀察來與對方相處。

ao*小姐的
養貓原則

1

貓碗用檸檬酸清洗，飼料裝到密封罐中

先用廚房紙巾將黏滑的貓碗擦乾淨，之後再用神奇海綿（三聚氰胺海綿）與檸檬酸清洗。貓飼料的話則是倒入密封罐，連同乾燥劑一起保存。

2

打掃工具要區分使用

照片從左至右依序為伊萊克斯（Electrolux）吸塵器與蒸氣拖把、無印良品的隨手黏與除塵紙拖把。ao*小姐原本是用除塵紙拖把先將灰塵與貓毛清掃乾淨之後，再用濕拖把擦過，但是拖把的根部卻折損了好幾次，所以才改用蒸氣拖把，讓打掃工作變得更輕鬆。她會在早上起床之後立刻打掃。

6個月大的時候得知會對狗兒過敏的小年糕，雖然現在抱狗狗已經不會有問題了，不過在這之前，小年糕的愛已經都投注在貓咪餡蜜身上。

自然而然地培養出體貼別人的心意

貓狗與孩子都會在家裡跑，所以採用隱藏式收納

家裡的貓狗與孩子都會到處跑，後來發現這樣非常容易起灰塵，所以打掃得格外勤奮，而且擺飾都掛在牆面上。

7

多隻飼養&與其他動物共同生活

這一章我們請教了
家裡養了很多隻貓，
或是與貓狗一起生活的人家
每天是怎麼打掃的，
同時也請教如何餵貓狗吃飯。

讓貓咪開心舒適的家

8

岡山小姐

在寬敞的古民宅裡，讓貓狗療癒身心

3隻貓＋1隻狗＋2個人（夫妻）

Okayama◎搬到鄉下開始與狗兒一起生活之後，隔年在山中撿到體弱的小貓，就直接帶回家飼養，也就是Puka與Moko。後來住家附近的浪貓生下的Tet也成為家族成員之一。

Instagram　@___2go___
https://www.instagram.com/___2go___/

在改建的古民宅中與貓咪悠閒度日

這棟屋齡超過百年的老房子，粗大的橫梁與柱子是特地留下來的，以用來代替貓走道與貓跳台。

偶然將兩週大的小貓抱回家養

岡山小姐將這棟屋齡超過百年的稻草頂古民宅重新改建成住家。搬家之後，先是從認養中心帶回一隻狗，一年後又認養了橘貓兄妹Puka與Moko。

「有天我在山中聽到貓叫聲，發現有一隻身上裹著毛巾、被丟在瓦楞紙箱裡的小貓，另外一隻則是躲在草叢中。當時牠們身體非常衰弱，帶到動物醫院時醫生判斷約兩

天然材質的地板用的是吸塵器與除塵紙拖把

家裡的地板全都是用沒有塗裝的杉木材，無法使用清潔劑，所以只能先用吸塵器吸過一次地，之後再用水擦或是乾擦。不過每一年會上一次蜜蠟。

籃子與貓床放太陽下曝曬

家裡有各式各樣的籃子，可以充當貓屋與貓床。這些都是天然材質製成的，頂多放在太陽底下曝曬，至於鋪的布，則是按照平常的習慣清洗。

打掃工具也偏愛天然材質

由左至右，依序為工匠親手製作的掃把與REDECKER公司生產的除塵撢子等。這些打掃工具都藏起來的話會讓人失去打掃的意願，所以統統掛在看得見的地方。

週大，每隔2～3小時要泡牛奶給牠們喝，我就用針筒餵牠們喝奶，持續餵了兩週。」

那時候家裡雖然有養狗，但是這兩隻幼貓卻一點也不怕狗，家裡的狗兒對於這兩隻小貓也是頗有興趣，所以岡山小姐覺得幸好自己當時先養的是狗，然後才養貓。

「貓咪們會躺在狗兒的肚子上睡覺，而狗兒就算吃了貓拳也不會生氣，彷彿能夠體諒牠們其實比自己還要弱小。」

廚房周圍整理乾淨，好讓貓咪進去

愛用籃子收納法且統統附上蓋子。可以立刻搬動，打掃起來更輕鬆

在開始與貓咪生活之前，家裡已經整修過了。早知如此，當初就應該將廚房規劃成一個隱藏式的收納空間……雖然心裡頭有過這樣的念頭，但是把東西收在有蓋的籃子裡其實也不錯，可以隨時搬動，這樣反而更方便。

貓咪吃飽後要馬上洗碗，以免碗底黏黏滑滑的

寬敞的中島廚房往往會吸引貓咪跳到上面，所以檯面會盡量淨空，不擺東西。洗碗精人貓共用，海綿的話則是分開，而且吃完之後會馬上清洗餐具。

不需言語便可傳遞心意的存在

　家裡的地板全都是沒有塗裝的杉木板，牆壁也是灰泥建材，不能使用清潔劑，所以在打掃地板時，基本上會先用吸塵器與除塵紙拖把乾擦，之後再濕擦。一年會打上一次天然蜜蠟，也就是盡量選擇貓咪舔舐也不會有問題的天然素材。

　貓咪在地板上嘔吐的話，會先用廚房紙巾擦，之後再用杜瓦保潔多Pasteuriser 77抗菌噴霧殺菌。而有火爐的「土間」則是先沖水，之後再用地板刷刷洗乾淨。

　「土間有一個非常大的水槽，所以清洗布製品的時候我會先放在那邊浸泡，之後再用洗衣機洗。加上外面有個水龍頭，所以貓砂盆等都是利用水管與蓮蓬頭的水壓來沖洗。」

　每日清理方面，則是用不含酒精的濕紙巾來擦拭貓砂盆，而且每個月還會換一次具有除臭抗菌作用的針葉松木屑。

　「以前我發現我們家有老鼠躲在天花板裡，所以就在天花板打一個洞，讓貓咪可以鑽進去，之後這個洞就這樣留下來。但萬萬沒想到，前幾天發生了一件大事，那就是Moko竟然跑到這個照理說牠應該跳不上去的天花板上，害我們花了整整5個小時在找牠！」可見貓咪的活動能力是不容小覷的。

　「剛開始我一直在煩惱，貓和狗要同時餵牠們吃飯嗎？餵食地點分開比較好？因為狗會跑去吃貓的飼料，我決定讓貓在比較高的檯子上吃。自此之後，牠們就能非常和平地在同一時段吃飯了。」

　岡山小姐認為，就算什麼都不說，照樣能夠懂得貓狗的心聲。難過的時候，只要牠們願意待在身旁，不安的心就會平靜下來。

飼料裝在罐子裡，收到收納箱裡保存

飼料先裝進密封罐中，再放入鍍鋅收納箱裡。這種收納箱不怕火、不怕水，也不容易生鏽，東西放在裡面就不用擔心受潮了。

水碗放在壓克力台上，讓貓咪容易喝到水

水碗隨時放在無印良品的壓克力分隔收納盒上，騰出高度，這樣貓咪會比較容易喝到水，也可以避免灰塵跑進去。

自然光從天窗灑落的廚房

從天窗灑落的光線比一般窗戶多3倍。不過晚上依舊昏暗，所以裝了不少投射燈。牆上則是先釘好L型支架，再安裝層板。

貓咪與小狗喜歡的地方隨時保持整潔

用舊木材做成貓抓板。裝在盒子裡，紙屑不飛散

貓抓板盒是自己做的。紙屑會全部掉落在盒子裡，不會四處散落，非常好打掃。比較令人頭疼的是，貓咪有時候會跑去抓紙拉門。

有火爐的房間是用水泥堆砌的土間。貓咪大多都是在這個房間嘔吐，只要沖水、用地板刷刷洗乾淨就可以了。

土間的打掃工具是掃把與畚箕

打掃土間用的是掃把與畚箕。這個地方的角落非常容易囤積貓毛，但是只要擺上一張沾濕的報紙，貓毛就會自動黏在上面了。

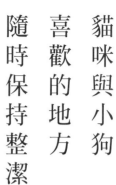

岡山小姐的
養貓原則

1

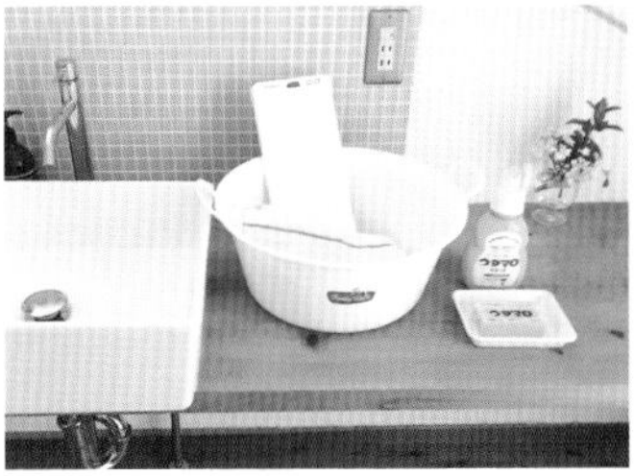

污垢太明顯的話
就用Utamaro家事魔法皂

清洗布製品會先沾上Utamaro家事魔法皂，再用洗衣板搓洗。只洗一部分的話，通常兩三下就清潔溜溜。

2

每個月換2～3次貓砂，
將貓砂盆拿到外面清洗

尿墊每週換一次。貓砂則是每個月整個更換2～3次。換貓砂時，會把貓砂盆拿到外面用水龍頭清洗乾淨。若是怕異味殘留，就用刷子沾些洗碗精，刷洗乾淨之後再放在太陽底下曬乾。

3

使用Makita牧田
與Dyson的吸塵器

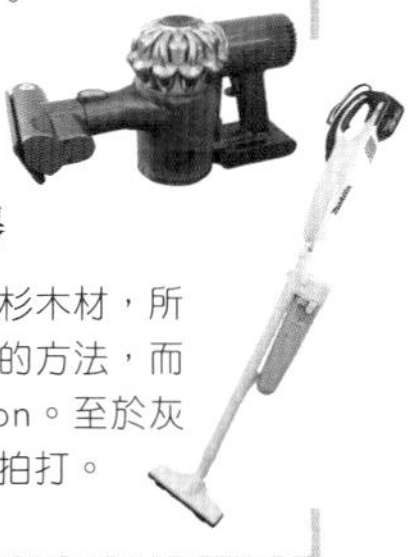

家裡的地板是沒有塗裝的杉木材，所以打掃是用吸塵器＋擦拭的方法，而沙發上的貓毛則是用Dyson。至於灰泥牆基本上只用撣子輕輕拍打。

在自家舞台等待演出的3隻動物。雖然對樂器興趣缺缺，不過對於貼在擴大機側面與上面的材質似乎非常有興趣，不是磨爪，就是打滾，根本就是貓毛沾到滿。

相處融洽的浪貓
當媽媽了！

住在附近的浪貓（名字：妹妹）清早突然來叫我，我就跟過去看，發現牠一直看著地底下大叫，彷彿有話要說。手電筒一照直覺有東西在動。難道……?!掀開榻榻米匍匐前進鑽進一看，竟然是跟手掌一樣小的寶寶！我把妹妹與牠的寶寶一起帶回家，做了一個中途小屋照顧牠們母子，讓寶寶安心地喝了一個月的母奶。在獸醫的指示下過了兩個月，也就是幼貓開始吃副食品的時候，我替牠們找了一個家，同時也為我們家留下一隻。

讓貓咪開心舒適的家

9

toupie 小姐

6貓1狗、熱鬧無比的大家庭

6隻貓＋1隻狗＋3個人（夫妻＋孩子）

購買這棟透天厝時，家裡只養了1隻貓、1隻狗。從朋友那裡認養後沒多久，貓就爆增至6隻。不過娘家養的貓曾經超過10隻，所以現在被這7隻寵物圍繞的每一天，其實都是很幸福的。

Instagram @toupie_
https://minne.com/@toupie

地板上盡量不擺東西，除了地墊，其他地上的東西會影響打掃，所以要盡量避免。

在貓狗的看守之下，打掃要在一早迅速完成

從小就與貓咪一起生活的toupie小姐，現在和丈夫一起養了6隻貓和1條狗。與貓狗一起生活的過程其實是自然而然發生的。

「起先家裡是1隻貓、1隻狗。但我聽人家說貓要養兩隻比較不會寂寞，所以就抱了第2隻。後來發現好像還可以再養！所以就這樣越養越多了。」

常有人說：「養這麼多寵物不

地板絕對不打蠟，
無塗裝的木材只能乾擦

貓咪「丸子」對灰塵有點過敏，所以toupie小姐每天一定會用吸塵器吸地。家裡地板用的是沒有塗裝的松木材，只能乾擦，不用任何清潔劑。

地墊與貓跳台
先用吸塵器，再用隨手黏

打掃通常是在早上，也就是貓咪最活潑的時候。此時Dyson與Roomba會全力運轉，還要搭配隨手黏。

沒有雜物的地板清潔起來更簡便，掃地機器人大活躍！

會累嗎？」我從未如此想過。

貓毛的量應該很多吧？當有人這麼覺得時，我會告訴他：「按下Roomba的開關就能輕鬆打掃了。」為了讓Roomba順利運轉而把椅子搬到桌上，沒想到竟然變成貓咪的遊樂場。「較容易囤積貓毛的是樓梯的角落以及樓梯底下的地板，我都會將除塵拖把的不織布對摺後，直接用手一層層地擦。」

至於打掃的時間，通常都會在一大早快速處理。

貓咪空間分散各處讓大家都舒適

貓跳台先用Dyson吸過一次，接著用隨手黏清理，最後再噴除菌噴劑。這天剛好每隻貓咪的視線都盯著相機看。

躺在浴缸蓋上一起暖暖身子吧！

牡丹餅（左）每次都躲在浴室。這一天昆布（右）也跟牠一起窩在這裡。浴缸蓋上鋪了一層浴巾，這樣就可以一起取暖了。

每隻貓咪個性不同永遠都不會膩

toupie小姐會對貓咪過敏，濕潤的皮膚一沾到貓毛身體就會開始發癢，所以有貓毛的毛巾會另外清洗，也會注意抗菌與殺菌。

「只要有一隻貓感染細菌，不久後每隻貓都會被傳染，所以我們家用的是動物醫院也在用的BioWill CLEAR除菌消臭劑。貓砂盆的尿墊每天換一次，網子的部分則是用除菌濕紙巾擦拭。至於貓砂會一個月整個換一次，我還準備了筆記本，上面記錄著哪一個貓砂盆已經換過了。」

雖然有的貓咪比較調皮，會把盆栽踢倒，但是這樣的行為其實和人類的小孩子是沒有兩樣的。

「每個房間都找得到貓咪的蹤影，連浴室也有。這樣永遠不孤單的日子是幸福無比的。」

蓋上瓦楞紙蓋，以防貓咪在盆栽上搗蛋

出生後沒多久就抱回家養的昆布，會在盆栽的土裡尿尿，所以特地在上面蓋了一層瓦楞紙蓋。

被套每週洗3次

被套會沾滿貓毛，所以每週洗3次。至於抱枕套則是週末交給先生去洗。

滾筒式烘衣機最適合清除貓毛

滾筒式烘衣機能夠立刻把貓毛清除乾淨，而且烘乾之後就可以馬上摺，所以就算天氣晴朗，衣物還是會用烘的。

與貓廁所有關的物品放在同一處

貓砂盆2樓1個客廳2個

家裡養的貓不少，用雙層貓砂盆的話，鋪在底下的尿墊過一個禮拜就會臭氣熏天，尿量更是可怕。所以改鋪小狗專用的厚尿墊，並且每天更換。

準備好廁所清潔組

清潔組包含：塑膠袋、濕紙巾、小掃把與掃帚、面紙盒、除菌劑與備用的尿墊。

廁所打掃確認表

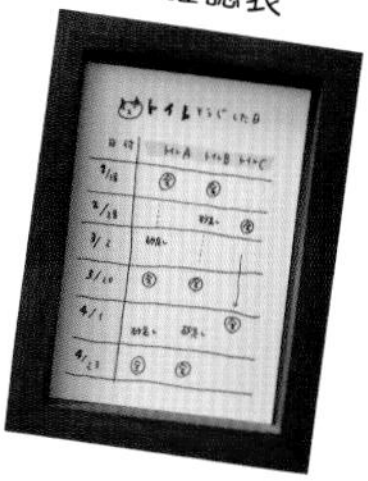

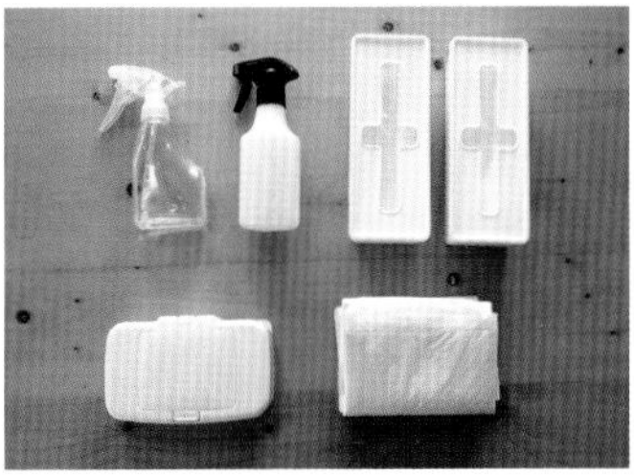

與貓咪一起生活
就和照顧
小孩子一樣

吃飯時間
要到吧台上

家裡有養狗，所以貓咪的飯碗不擺在地上，會讓牠們在吧台上吃。這個吧台是自己貼上磁磚做成的。吃完之後會用杜瓦保潔多Pasteuriser 77抗菌噴霧擦過，這瓶同時也用來消毒貓碗，至於The Magic Water則是用來擦拭地板與污漬。

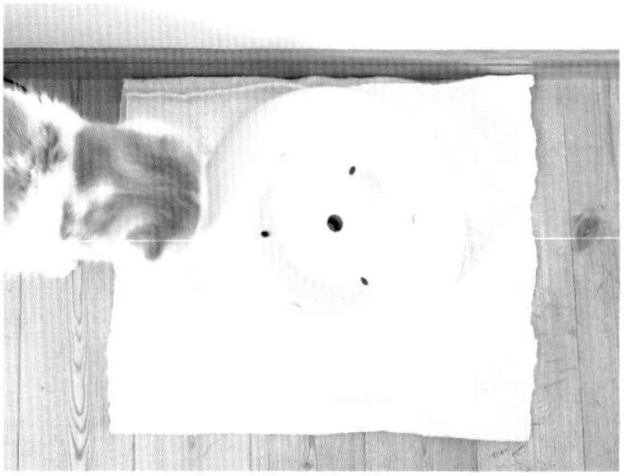

準備貓用飲水機
隨時提供新鮮的水

貓咪最愛喝好喝的水，所以家裡有台貓用飲水機。有的貓孩子還會直接喝水龍頭流出來的水呢！

清洗貓碗的
清潔劑與除菌噴劑

清洗貓碗時用的是德國Frosch小綠蛙洗碗精（右），另外再搭配花王CLEAR泡沫洗碗噴霧（左）。

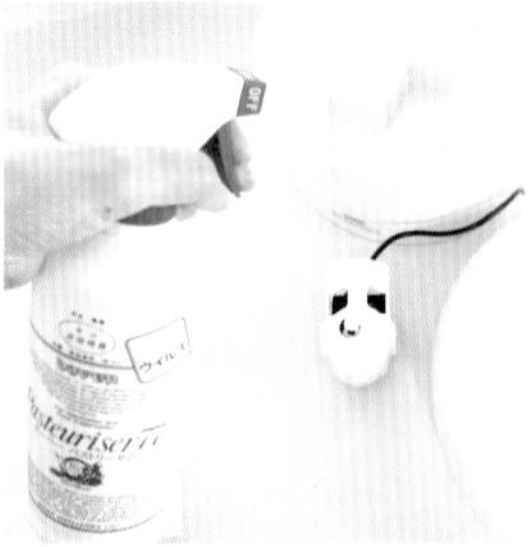

用Pasteuriser 77
抗菌噴霧做最後除菌

貓碗用洗碗機洗好之後，再噴上杜瓦保潔多Pasteuriser 77抗菌噴霧除菌。只要是貓碗，統統會用這一瓶來除菌。

貓碗與飲水機
整個放進洗碗機清洗

家裡貓口眾多，所以會用洗碗機來清洗。就連飲水機也是拆下之後連同貓碗一起清洗。

toupie小姐的
養貓原則

1

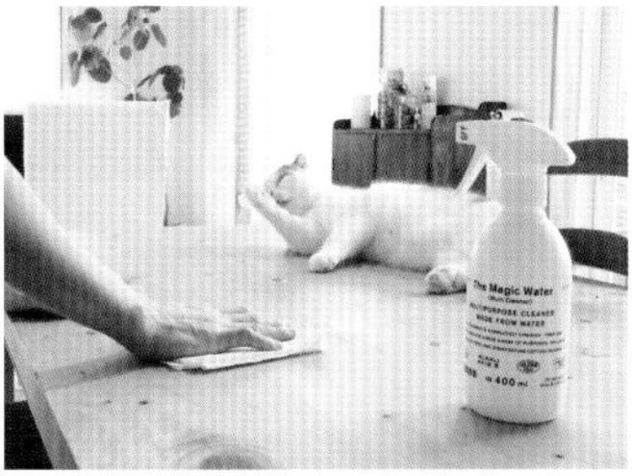

不會讓貓咪反感的清潔劑與漂白水試用中

使用漂白水時，建議選擇日本泡泡玉石鹼這個品牌中，除臭效果特佳的含氧漂白劑。擦桌子的時候記得先噴灑The Magic Water。

2

玩具擦過之後再曬太陽

玩具會用除菌濕紙巾擦過，天氣好時還會攤在陽光下曝曬。以前曾發生過栗子把紗窗打開，家裡的貓全都溜到外面的意外，害我一大早就到處找貓。

不肯從2樓下來，臨時在樓梯上吃飯的日子

因為被嚇到而不肯從2樓下來吃飯時，就設法讓貓咪在樓梯上吃飯。有趣的是，有的貓喜歡高一點的碗，有的反而喜歡矮一點的。

國家圖書館出版品預行編目資料

貓奴居家掃除必備手冊：再忙、再懶，都能和貓咪
過上舒適的生活 / ヤノミサエ著；何姵儀譯.
-- 初版.--臺北市：臺灣東販, 2019.04
128面；14.8×21公分
譯自：手早くササッとラクにすっきり！ 猫
がよろこぶ掃除・片づけ
ISBN 978-986-475-971-2 (平裝)

1.貓 2.寵物飼養

437.364   108002963

貓奴居家掃除必備手冊
再忙、再懶，都能和貓咪過上舒適的生活

2019年4月1日初版第一刷發行

作　　　者　ヤノミサエ
譯　　　者　何姵儀
編　　　輯　陳映潔
美 術 編 輯　黃盈捷
發 行 人　南部裕
發 行 所　台灣東販股份有限公司
　　　　　　　＜地址＞台北市南京東路4段130號2F-1
　　　　　　　＜電話＞(02) 2577-8878
　　　　　　　＜傳真＞(02) 2577-8896
　　　　　　　＜網址＞www.tohan.com.tw
郵 撥 帳 號　1405049-4
法 律 顧 問　蕭雄淋律師
總 經 銷　聯合發行股份有限公司
　　　　　　　＜電話＞(02) 2917-8022

TOHAN

ヤノ ミサエ

和4隻貓咪一同生活的攝影風格設計師。也是閱覽人數超過13萬人的人氣部落格「居家生活小提示」（暫譯，インテリアと暮らしのヒント）之成員。在網站上與大家分享生活創意的同時，作為一名攝影風格設計師，也於大阪、東京舉辦攝影風格設計講座，參與講座人次超過2000人以上。2017年的春天，和4隻愛貓一起從大阪搬家到神奈川，研究並實踐「讓貓咪歡欣舒適的生活」。著有《讓貓咪開心的室內設計》（暫譯，猫がよろこぶインテリア，日本辰巳出版社出版）。

Blog
貓宅室內設計BOOK
與4隻貓一起過上舒適的大人獨居生活
https://ameblo.jp/nekointerior/

Everyday photostyling!!!
https://ameblo.jp/noblexxx/

Instagram
@uzura_scope
https://www.instagram.com/uzura_scope/

STAFF
攝影
林ひろし（封面、P.1〜13、P.22〜31、P.42〜53、P.58〜
65、P.68〜69、P.76〜83、P.88〜89、P.94〜105、P.114〜
115）
ヤノミサエ（P.15〜21、P.37〜41、P.55〜57、P.71〜75、
P.91〜93）
鈴木賢一（P.106〜109）
ao*（P.110〜113）
岡山（P.116〜121）
toupie（P.122〜127）

設計
芝 晶子・廣田 萌（文京圖案室）

編輯
宮田玲子・鈴木久子（KWC）

TEBAYAKU SASATTO RAKU NI SUKKIRI!
NEKO GA YOROKOBU SOUJI KATAZUKE
©Misae Yano, 2018
Originally published in Japan in 2018 by
TATSUMI PUBLISHING CO., LTD., TOKYO.
Traditional Chinese translation rights arranged with
TATSUMI PUBLISHING CO., LTD., TOKYO.